世界经典译丛

给热带鱼打造一个海底世界
水族箱造景

[日] 千田义洋　编著

新锐园艺工作室　组译

于蓉蓉　李　颖　陈　飞　译

中国农业出版社

北　京

享受水族箱带来的乐趣

　　想象一下，放在桌子上的小型水族箱中，数条孔雀鱼神采奕奕地翩翩游动。轻轻摆动的尾巴闪闪发光，还有水草慢悠悠地随着水波摇曳。耀眼的蓝色孔雀鱼，亮绿色的水草，加上颜色泛红的石头造景组成了一副生机勃勃的美丽景象，一定能为您的生活增添不少乐趣。

感受水族箱

就算没有热带鱼在水中游来游去，以水草造景还是能让人感受到水族箱之美。鹿角苔在光合作用时不断冒出气泡，柔软摇曳的水草让人感受到流动的水波，清凉的石头造景也被蒙上了一层鲜亮的绿毯。在漆黑的房间里，只要打开水族箱的照明灯，就能让人仿佛忘记时间的流逝，深深地为之着迷。

开启水族箱之旅

　　美丽的热带鱼和水草搭配起来相得益彰。神仙鱼和宝莲灯在水草森林中优雅地游动。在宽90厘米的大型水族箱中，放置许多沉木和石头，是气派非凡的水族箱造景。打造水族箱可能会花费不少精力，但完成时会特别满足。怀着将这样的水景放在家中的期待，让我们一同来开启水族箱之旅吧！

前　言

一旦开始打造水族箱，就会每天与水、热带鱼和水草打交道。

饲养鱼和培育水草是既艰难又辛苦的事，但也能收获不负这些辛苦的快乐和美景，感受心灵被治愈的瞬间。

本书以图文并茂的形式详细介绍了水族箱造景的流程、技巧及注意事项，初次接触的玩家也能轻松上手。

水草和热带鱼都是有生命的，很难完全按照最初预想的样子生长，但是只要努力学习打造水族箱的相关知识，不断积累经验，有一天一定能打造出想象中的景色。

千田义洋

曾两次获得东京电视台《TV王者》节目的"水中图像王的选手权"，5次连霸日本最大型热带鱼·观赏鱼项目排行榜，数次获造景比赛优胜奖。参演过电视剧，也接受过水族箱相关杂志的采访，是一位在多个领域都很活跃的水族箱造景师。

目 录

享受水族箱带来的乐趣　　开启水族箱之旅
感受水族箱　　　　　　　前言

CHAPTER **1**

第一章　准备工作

CHAPTER **2**

第二章
开始打造水族箱

TANK LAYOUT NO. **1**

小型水族箱是饲养和设计的基础
从青鳉开始造景

TANK LAYOUT NO. **2**

可以作为室内装饰的美丽球形水族箱
斗鱼和观叶植物

TANK LAYOUT NO. **3**

用热带鱼和水草打造第一个水族箱
月光鱼和易养水草

第三章　　初级造景篇

CHAPTER **4**

第四章　中高级造景篇

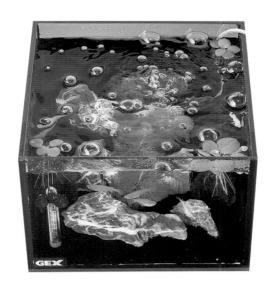

第一章　准备工作

CHAPTER **1**

水族箱Q&A

在开启水族箱之旅前，大家会有数不清的困惑。在这里，针对初学者常见的问题进行说明。

Q&A 热带鱼是什么鱼？

▶ 水族箱中的热带鱼指的是原产于热带地区河川中的淡水鱼

大部分热带鱼产自东南亚地区或南美洲的淡水河川中。比较有名的小丑鱼是海水鱼，生长环境和生态习性与一般热带鱼不同。在专卖店中，淡水鱼和海水鱼都有销售，但它们不能在一个水族箱里混养，所以一定不要弄错。

Q&A 热带鱼的寿命大概是多久？

▶ 中小型鱼的寿命为2～5年，大型鱼的寿命在5年以上

像红绿灯这样的小型鱼或比它稍大一些的中型鱼的寿命一般都在2～5年。像神仙鱼这样的大型鱼在状态不错时能活到10年左右。本书介绍的热带鱼中，孔雀鱼的寿命不足1年，斗鱼2～3年，也有一些寿命更短的品种。

Q&A 不知道如何饲养热带鱼和培育水草时，该从何处下手？

▶ 可以从确定水族箱的尺寸或热带鱼的品种开始着手

根据实际环境确定水族箱的尺寸。如果选用小型水族箱，就选择适合小型水族箱的热带鱼和水草，这样，造景方向就确定下来了。如果已经有想要饲养的热带鱼，只要确定适合它们的生长环境，自然就能确定该准备哪些器具。

Q & A　每天都需要喂饲料和换水吗？

▶ 只要鱼和水质稳定，不用每天照顾

　　早期每天都要观察和确认水族箱里的水质等是否出现异常，这是十分重要的工作。如果鱼和水质都稳定，就不需要每天都喂饲料或换水。只要让水环境保持稳定，管理水族箱也不是很麻烦。

Q & A　如果要去旅游或短时间不在家该怎么办？

▶ 短时间不在家也没事

　　热带鱼在环境稳定的水族箱中过得非常舒适，短时间不在家也没关系。不过应注意不要在出发前投喂过多的饲料，那样会导致水质恶化。最好使用定时喂食装置。

Q & A　每个月电费多少钱？

▶ 小型水族箱每月的电费大概60元

　　在冬季（需用加热棒且最费电的季节），60厘米的水族箱电费一个月至少90元。如果使用LED等省电设备照明，电费会稍微低些。

Q & A　为了养水草，将水族箱放在光照良好的地方更好吗？

▶ 不要放在光照良好的地方，避免水族箱里长出青苔

　　很多人喜欢将水族箱放在光照良好的地方，但从管理角度讲这样并不好。比起水族箱的照明设备，光照更为强烈，容易使水族箱壁上长出青苔。所以建议尽量放在照不到阳光的地方。

挑选想饲养的热带鱼品种

可能一开始并不确定想要什么样的水族箱，所以先从挑选想要饲养的热带鱼开始吧。

🐟 神仙鱼

酷霸的神仙鱼

神仙鱼被称为热带鱼之王，如果喜欢神仙鱼，推荐选用比较大气的造景水族箱。

🐟 鼠鱼

可爱的鼠鱼

鼠鱼和爱撒娇的鲇鱼是同科，想要饲养鼠鱼，可以选择色彩斑斓、生机勃勃的混养水族箱。

🐟 巧克力飞船

个性别扭的巧克力飞船

如果喜欢暗色的巧克力飞船，推荐使用沉木和蕨类植物打造水族箱，或选用石景水族箱。

▶ 从水质和生态习性等方面综合判断

　　即使是适合水体同一酸碱度的热带鱼，混养时也可能会发生问题。有些热带鱼脾气暴躁，会把其他鱼的背鳍咬得破破烂烂，如神仙鱼和孔雀鱼就应避免混养在一起。

　　此外，行动迅速和迟缓的热带鱼一起混养时，容易发生行动迟缓的鱼吃不到饲料的情况。因此，是否能混养还需从多方面综合判断。

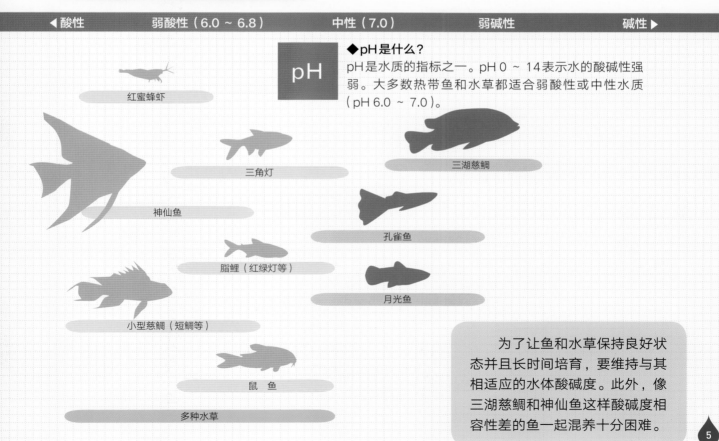

◀酸性　　　　　弱酸性（6.0 ~ 6.8）　　　　中性（7.0）　　　　　弱碱性　　　　　　碱性▶

红蜜蜂虾

三角灯

三湖慈鲷

神仙鱼

孔雀鱼

脂鲤（红绿灯等）

月光鱼

小型慈鲷（短鲷等）

鼠鱼

多种水草

pH

◆pH是什么？
pH是水质的指标之一。pH 0 ~ 14表示水的酸碱性强弱。大多数热带鱼和水草都适合弱酸性或中性水质（pH 6.0 ~ 7.0）。

　　为了让鱼和水草保持良好状态并且长时间培育，要维持与其相适应的水体酸碱度。此外，像三湖慈鲷和神仙鱼这样酸碱度相容性差的鱼一起混养十分困难。

去水族箱专卖店挑选

▶ 到水族箱专卖店收集信息

想要收集关于水族箱的信息，最应该去的就是水族箱专卖店，在那里能获得很多在网上查不到的知识。

◆ 在水族箱专卖店好好观察热带鱼或虾的活动情况

▶ 能亲眼观察热带鱼或虾的姿态和活力

在专卖店能亲眼观察热带鱼的颜色、大小、游泳的姿态，丰富自己的认知。只要好好观察水族箱里的鱼，就能轻松判断鱼的活力。

◆ 确认水族箱的样子

▶ 能确认有水草和热带鱼时水族箱的实用效果

大部分在店中展示的水族箱里都有鱼和水草，能亲眼看到水族箱实际使用时的样子、水草长大后的样子以及活力四射的鱼到底能舞动跳跃到什么程度等。

◆ 购买水草需要鉴别力

▶ 有些水草按盆卖，有些按束卖

不同商店水草的销售方式不同，管理方式也不同。如果条件允许就多逛几家店，比较一下，基本就能判断出水草的好坏。

有些店销售海外珍贵水草 ◀

有些店中有少见的海外珍贵水草，没准儿能给你的水族箱增添一些个性。

◆ 可以实际触摸器具

▶ 可以实际看到器具，既能讨价还价，还能直接搬回家

水族箱中用到的器具、沉木或石头等材料最好亲自挑选。特别是替换麻烦的水族箱、水族箱台架等大件物品，最好还是亲自去专卖店挑选。

◆ 可以跟店员沟通

▶ 从店员口中得到关于水族箱疑惑的解答

如果身边没有懂水族箱的人，可以与店员探讨。虽然不是所有店员都很专业，但如果态度诚恳还是能得到很多饲养方面的建议。

选择饲养器具

饲养器具清单

- [ ] 水族箱
- [ ] 水草灯
- [ ] 水桶
- [ ] 换水胶管
- [ ] 水质稳定剂（除氯）
- [ ] 气泵
- [ ] 塑料管

- [ ] 过滤器（＋滤材）
- [ ] 水草管理工具（镊子等）
- [ ] 水精灵
- [ ] 加热器和温度计
- [ ] 计时器
- [ ] 饲料
- [ ] 捞鱼网

- [ ] 底沙
- [ ] 清洁用海绵
- [ ] 控沙铲
- [ ] 滴管
- [ ] 塑料盒
- [ ] 背景贴纸

◆ 水族箱和水族箱台架

水族箱的长宽比各不相同，挑选时要注意

　　水族箱和水族箱台架有不同规格。在挑选时要充分考虑预算和放置场所等问题，谨慎挑选。最好能考虑一下水族箱的长宽比，为以后造景做准备。

过滤器有不同种类，过滤方式也不同

　　水族箱使用的过滤器一般为外挂式、顶部式、外置式等。充分掌握各种过滤器的保养维修难易度、水流强度等特点，选择与水族箱匹配的过滤器。

过滤方式	维护难度	CO_2添加效率	过滤量
外挂式	小	中	小
顶部式	中	低	中
外置式	大	高	大

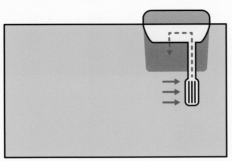

1 外挂式过滤器

外挂式过滤器轻便灵巧，滤材更换简单。价格低廉，中小型水族箱一般都用这种过滤器。如果是以其他过滤器为主，一般也会备一台外挂式过滤器。

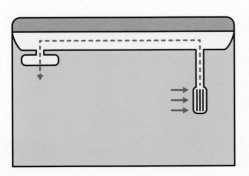

2 顶部式过滤器

主要应用于饲养活体的水族箱。过滤槽大，维护比外置式简单，可以达到稳定过滤的效果。但正下方无法获得照明，CO_2添加效率不高，因此较少应用于以养水草为主的水族箱。

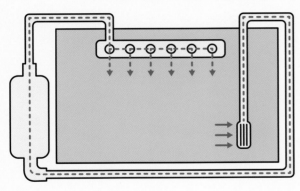

3 外置式过滤器

养水草的水族箱基本都使用外置式过滤器。该过滤器是密闭状态，水是循环的，CO_2添加效率不会下降，可以创造适合水草生长的环境。外置式过滤器虽然零件多，组装过程复杂，但其过滤槽大，过滤能力强，还可以按客户要求定制，是水草水族箱中必不可少的器具。

▶ 根据水草类型进行挑选

照明灯是与水草生长直接相关的器具。如果栽培喜光水草就要挑选高瓦数的水草灯，要根据水草种类挑选适合的水草灯。

底沙

▶ 在了解底沙特性的基础上进行挑选

底沙可以改变水质，所以要在充分了解其特性的基础上进行挑选。一般水草水族箱中多使用可以使水体变酸的底沙。

底沙一般呈褐色或黑色，颗粒大小和颜色深浅多有不同。

沙石颗粒大小和颜色深浅也不同，应根据水族箱造景需求进行挑选。

◆ CO₂气体添加设备、气泵

▶ 水草水族箱中CO$_2$气体添加设备是必需品

　　补氧装置和CO$_2$气体添加设备后续均有介绍，此处不做赘述，如有需要请参考16页和102页。同时，也需要准备一台气泵备用。

◆ 培育水草所需工具

▶ 水草种植不可或缺的工具：镊子和剪刀

　　镊子和剪刀是水草种植或布置装饰时不可或缺的工具。首先要选择适合自己手形的剪刀。同时，剪刀有很多种，有些尖端弯曲，有些长短不一，根据不同用途需要准备不同样式的剪刀。

仔细观察剪刀的长度和尖端形状来进行挑选。

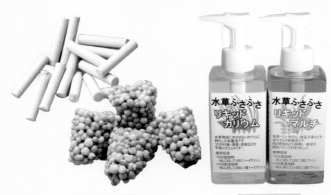

固体肥　　　　　液体肥

▶ 使用水草专用肥可更有效地栽培水草

　　液体肥和固体肥并不是必需品，在水草长势不好时可以施用，也可以精准施用，非常便利。胡乱施用效果甚微，所以要充分了解情况后再施用。

在家中摆放水族箱

水族箱搬动非常麻烦，所以一开始就要选好摆放位置

　　装满水的水族箱十分沉重。装满水后的重量请参考下表。所以，水族箱的台架或地板一定要结实。另外，如果要在水族箱后面制作绿色屏障等背景，一定要在摆放好水族箱之前进行。

水族箱 （长×宽×高，厘米）	总水量 （升）	加热器 （瓦）	厚1厘米底沙 （升）
20×20×20	7.4	10～50	0.4
30×30×30	25	75～100	0.9
36×22×26	19	75～100	0.8
45×27×30	34	75～100	1.4
45×30×30	39	100～150	1.5
60×30×36	60	150～200	1.8
60×45×45	112	200～300	2.8
90×45×45	166	300～400	4.7
120×45×45	219	400～600	6.0
120×45×60	295	600～700	6.0

注：总水量为满水时的值，底沙的数值为估算值。

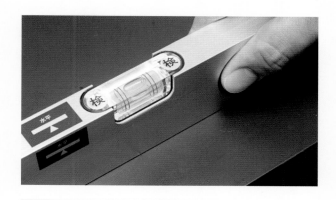

确认地板的水平度和耐压程度

水族箱在摆放前，一定要确认地板的水平度和耐压程度。如果地板不平，水族箱受压不均匀就会有裂开的危险。另外，若水族箱的总重量超过100千克，最好提前找专业人士测量地板的耐压程度。

避开日照好的窗边

阳光比水族箱中的照明要强得多。如果将水族箱放在阳光可以直射的地方，藻类会大量生长。此外，受阳光直射影响，水温也容易上升，为温度管理带来极大困难。所以尽可能将水族箱放在阳光照射不到的地方。

避开人经常走动的地方

尽可能为鱼打造一个安静的环境。不建议在人经常走动的通道或玄关等场所摆放水族箱。因为当人们急速从水族箱旁走过时，受到惊吓的鱼有可能会跳出水族箱。

前后左右和上部留有一定空间

考虑到换水、种植水草等，要在水族箱的前后左右和上部留出一定的空间。若太靠近墙壁，打扫起来也很困难，而且无法使用外置式过滤器，摆放时应注意这一点。

考虑漏水时的解决对策

如果水族箱大量漏水或水从水族箱中溢出时，会给家里以及楼下住户带来麻烦。能避免发生这样的事情最好，不过为了以防万一，最好买份保险。

◆ 打造水族箱 ① 准备底床

确定好放置场所后，首先要准备底床

　　水族箱的放置场所确定好后，就可以准备所需要的器具来打造水族箱了。这步最关键的是保持冷静、不要着急。

▶ 准备底床和放鱼不要在同一天进行

遵守这项规则，首先准备水族箱的底床，然后放水。

◆ 打造水族箱 ② 布置水族箱内的环境

▶ 为了调整水质，需要静置1周

　　虽然理解想把鱼尽早放进去的心情，但还是要忍住。先不要放鱼，打开过滤器静置1周。

▶ 调整水质时间约为1周

这段时间可以满怀期待地去专卖店物色热带鱼。

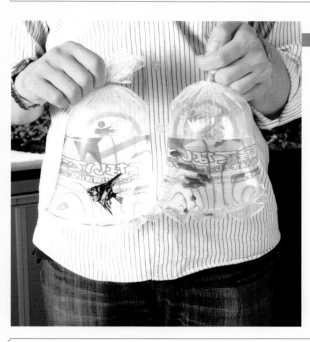

▶ 在专卖店挑选健康的热带鱼

　　买完鱼带回家时，尽量不要摇晃装热带鱼的袋子。冬天注意不要让袋子中的水温过低，夏天注意不要让水温过高，迅速将鱼带回家。

▶ **买完热带鱼后迅速回家**

将鱼带回家后，还有一件非常重要的事要做，就是过水。

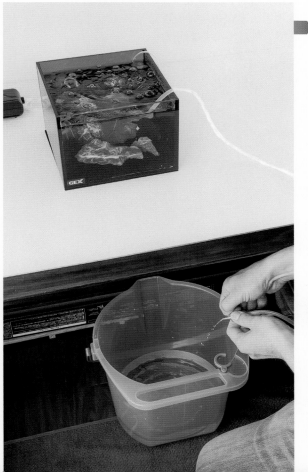

▶ 过水是一定要做的，这能让鱼习惯水质

　　压抑迫不及待的心情，先进行过水。过水就是将水族箱里的水和鱼袋子里的水一点点混在一起，使新鱼适应水族箱水体的过程。

▶ **一定要过水！**

过水步骤完成后，终于可以将热带鱼放进水族箱里了。水族箱的设置就到此结束，之后便开始管理水族箱。

灵活运用补氧装置

　　补氧装置指的是用气泵往水里运送空气，在金鱼的鱼缸里也有这样的装置。进行补氧后，氧气溶于水，就可以防止水族箱里的热带鱼和好氧细菌出现缺氧现象。此外，气泵和过滤器相连，就能成为过滤装置的一部分，进而一起运作。

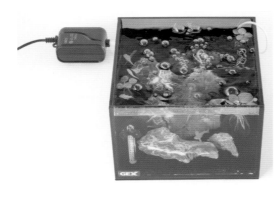

1 | 作为水中过滤器使用

18页介绍的青鳉水族箱中，使用带气泵的水中过滤器作为主要过滤装置。如果只是在小型水族箱中饲养少量鱼，这样的装置便足够维持稳定的水质。

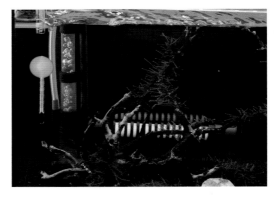

2 | 降低水温

夏季天气炎热导致水温升高，补氧装置可以降低水温。不过只用补氧装置来降低水温力度还不够，最好和风扇搭配使用。

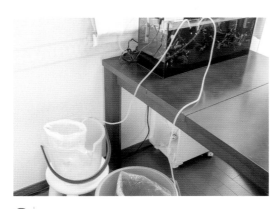

3 | 过水时补氧

红蜜蜂虾放入水族箱前的过水时间比较长，水桶中水会出现水温上升、氧气不足的现象，这时可以使用补氧装置，在一定程度上改善这些问题。

4 | 带有止逆阀

使用补氧装置时要防止倒流。水族箱里的水一旦倒流入气泵中，就会引发故障。将止逆阀安装在气泵和气泡石之间，即可防止倒流。

第二章　开始打造水族箱

CHAPTER **2**

从青鳉开始造景

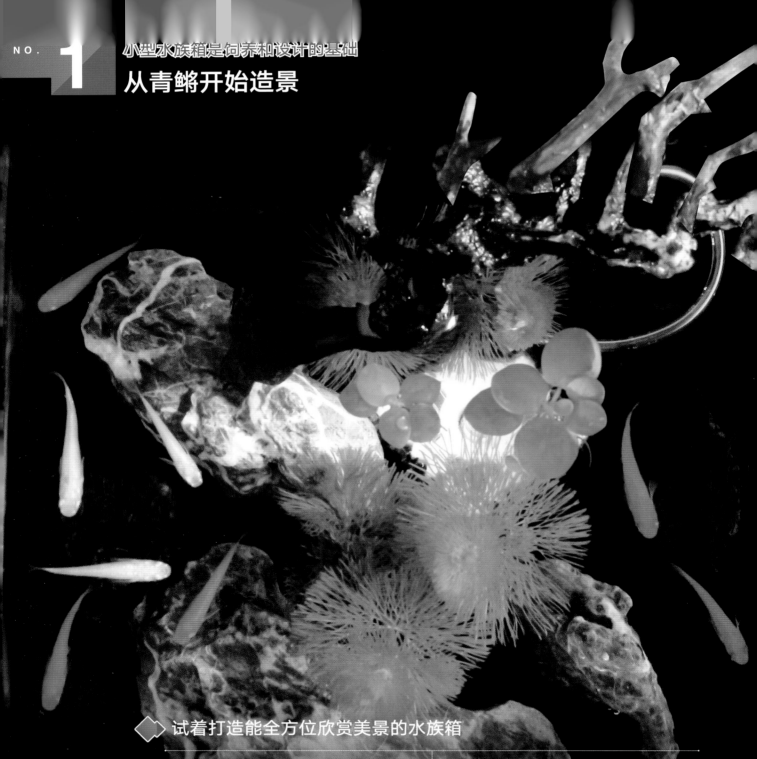

◇ **试着打造能全方位欣赏美景的水族箱**

青鳉虽不是热带鱼，但却是花色简
单且美丽的观赏鱼类。青鳉很适合初学
者，与热带鱼相比，它们更能适应各种

这种水族箱的造景以石头和水草搭
配为主。青鳉是一种适合从上方观赏的
可爱鱼类，所以造景时，更多考虑从上

白青鳉和杨贵妃青鳉。属形态优雅的青鳉，可以长到4厘米左右。

造景素材是青龙石，白色的石头十分华丽。

◆ AQUARIUM TANK DATA

🐙 长20厘米 × 宽20厘米 × 高14厘米	🐚 青鳉专用天然过滤底沙
🌡 20 ~ 28℃、pH6.5	🐟 白青鳉、杨贵妃青鳉
🔽 GEX小型水中过滤器	🌿 水盾草、翡翠莫丝、圆心萍
💡 没有照明	

图例说明 🐙 水族箱尺寸 🌡 水温、水质 🔽 过滤器 💡 照明 🐚 底沙 🐟 热带鱼 🌿 水草

1 水族箱的底床

学习如何准备重要的底床

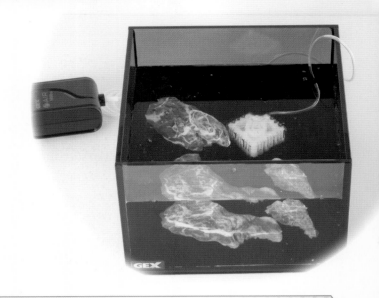

　　先后将底沙、石头、水放入水族箱中，这是打造水族箱底床的基本顺序。

　　青鳉不论是在底沙或沙石上都能饲养，但考虑到从上方俯瞰时，让白青鳉的泳姿更加引人注目，底床材料还是选择黑色的比较好。

◆ 首先将所有器具都摆放好

　　要提前准备好放入水族箱的器具和造景素材。这次水族箱造景需要以下器具。

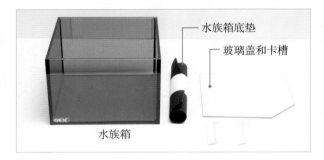

水族箱底垫

玻璃盖和卡槽

水族箱

过滤器

气泵

黑色底沙

POINT!

▶ 事先检查必备的器具

1 将水族箱摆放在预先选好的位置

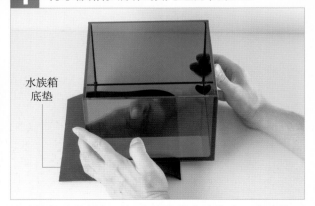

水族箱底垫

将水族箱底垫铺好，把水族箱放在底垫上。当底垫不平整时，可以用胶带固定。

2 放置器具

气泵　　过滤器

放好过滤器和气泵。气泵的位置要依据水族箱的造景设计而定。

3 放入底沙

底沙不像沙石，不用事先清洗，直接放到缸底，用手抚平。

4 摆放石头

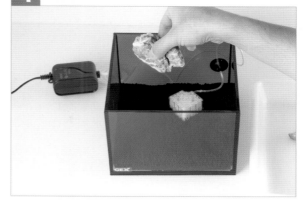

按照水族箱的造景设计放好石头。注意避免让石头碰到玻璃。

5 完成底床

从正面、侧面和上面检查，满意的话就完成了。

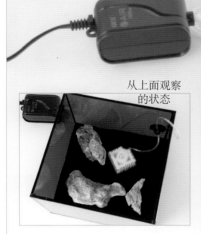

从上面观察的状态

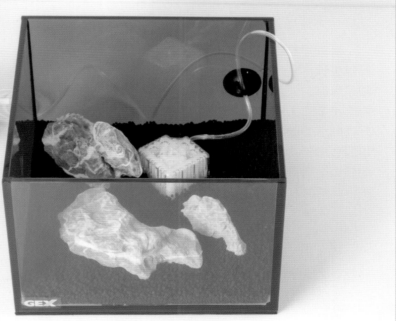

6 灌水

将厨房纸巾覆盖在底床上。

用杯子或水桶将少量水慢慢倒在厨房纸巾上。

这样就能避免倒水时破坏摆好的造景。

2 水草处理

种植前的准备十分重要

　　水草在种植前的准备工作是十分重要的。从专卖店买回来的水草，如果随意丢入水族箱中，时常会无法做出想要的景观。

　　初学者容易手忙脚乱，所以下面总结一些要点，方便初学者轻松学习和上手操作。

◆ 水草种植前的注意事项

1 选择用来造景的水草种类

　　水草并不是在所有环境下都能生长。底床的种类、光照和是否有CO_2添加设备等都会影响水草的生长，所以要确认好哪些水草能在自己的水族箱里顺利生长。一开始，初学者还是选择容易种植的、能适应多种环境的水草种类。

2 要确认购买的水草是否可以直接移植

　　有些农场生产的水草，为了保证品相可能会施用农药。如果将这样的水草直接放入水族箱，会影响其他生物的健康。热带鱼可能不会那么敏感，但像虾这类对水质敏感的动物就会受影响，甚至死亡。为了避免这样的事情发生，可以在购买时询问店员，或将水草先放入没有其他生物的鱼缸中浸泡几天再用。

POINT！

▶ 水族箱里有虾这类对水质敏感的动物时，放入水草一定要注意。

3 准备好种植水草的便利用品

　　除了必备的镊子和剪刀，专卖店里还售卖各种各样种养水草专用品。像清除农药的用品、种植后施用的液体肥料、埋入底床的固体肥料、制造CO_2的药品等，都是可以促进水草生长的用品。

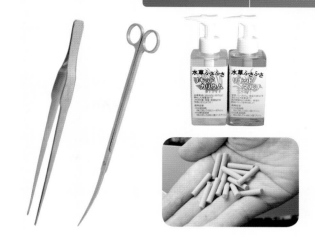

4 为了种植水草需要做一些修剪

　　不要将水草直接放入水族箱里，要先修剪老茎、调整高度等，做一些事前处理非常重要。下面将介绍放入青鳉水族箱里的水草该如何处理。

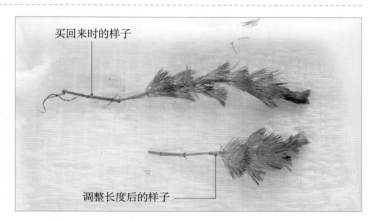

买回来时的样子

调整长度后的样子

制作不用种植的附铅水草

通常在水族箱里，水草都是种在底沙里，但这样一来就必须把水草种在一个固定的位置，不能尝试不同造景。因此，可以先作成附铅水草，以方便在水族箱里移动位置。

准备2～3株调节好长度的水草，用海绵包住根系位置。

在海绵外缠上铅片等重物。

附铅水草就完成了。

POINT!

▶附铅水草可以在水族箱里随便移动，方便尝试不同的造景方式。

水草种植
用水草造景

参考上一页的内容做好种植水草前的处理，就可以试一试用水草造景了。

底床造景是共通的，用水草和石头等将过滤器遮掩起来，同时也要注意保证造景搭配的平衡感，避免生硬地堆在一个地方。

1 摆放附着水草的石头

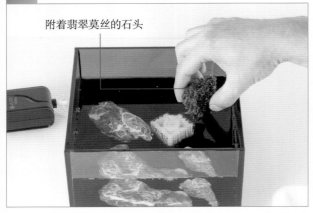

附着翡翠莫丝的石头

将附着翡翠莫丝的石头放在水族箱的左右两边（摆放位置请参考P25）

2 处理水草

水盾草

将水盾草按照水族箱的高度修剪好，做成附铅水草（参考P23）。

3 放置附铅水草

在水族箱的中间和后方分别放置附铅水草，直接放在底沙上或种在底沙里都行。

4 圆心萍

圆心萍

放入圆心萍。如果购买的圆心萍根过长，可先将根剪短后再放入。

◆ **水草搭配**

　　用水草遮盖住过滤器。想要培养水草可以使用水草夹灯，没有照明的话，水草枯萎了就要买新的来更换。

后景 ▶P100
水盾草

细叶状水草。适合做背景。

漂浮 ▶P100
圆心萍

圆形的浮萍。有水草灯更容易养好。

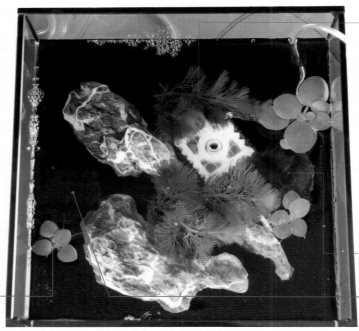

中景 ▶P92
翡翠莫丝

容易附着在石头上的水草。适合做中景。

5 **种植完成**

种植完成后1周内要开着过滤器，维持水质，然后才能放入青鳉。

　　为了从水族箱上部也能欣赏到美景，放入沉木枝（P19），摆得稍微超出去一点，能增添时尚的感觉。

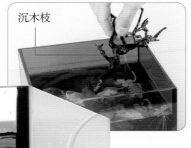

沉木枝

可以作为室内装饰的美丽球形水族箱

斗鱼和观叶植物

在水族箱专卖店里也能买到一些观叶植物。此外，在花店、超市或杂货店也能买到。

容量约2升的水族箱。玻璃鱼缸部分和白色的花盆部分可以分离。

◆ 像养宠物一样养斗鱼

斗鱼的鱼鳍很有特点，游动时泳姿十分优雅，喂食时还会跟人亲近，是一种可以像宠物一样饲养的热带鱼。另外，最重要的是即使没有过滤器，只要严加管理也可以饲养。搭配观叶植物造景，就能做出可以当成室内装饰的漂亮水族箱。

◆ AQUARIUM TANK DATA

长22厘米 × 宽17厘米 × 高18.5厘米	治愈水晶 彩色玻璃石水景蓝（GEX） 治愈水晶 彩色玻璃石透明色（GEX）
26℃、pH6.2	斗鱼
无过滤器	金鱼藻、凤尾蕨、千叶吊兰
无水草灯	

水族箱的底床①
观叶植物造景

观叶植物和水族箱中的水草不同，不能在水中培养，但外表的契合度颇高。

花盆和水族箱可以分离，充分利用这一特点进行设计造景会更好。

◆ 选用容易栽培的观叶植物

凤尾蕨和千叶吊兰都是只要不缺水就能活的观叶植物。没有这两种植物也没关系，选择习性相似的观叶植物就行。

1 将底沙倒入底床

将花盆取下来，装入底沙。当然也可以选用观叶植物栽培专用土。

2 种入观叶植物

凤尾蕨

如果是盆栽植株，要先将植株从原盆中取出，再种入白色花盆里。种植前剪掉不健康的叶子。

3 让观叶植物看起来茂盛

从上面看的状态

千叶吊兰

将千叶吊兰分成两簇，分别种入花盆两侧。

4 填足底沙

充分填入底沙来固定植物。

5 完成底床部分

将花盆装好就完成了。注意要适当
浇水，避免观叶植物干枯。

填满底沙后，最好用喷壶来浇水。

水族箱的底床②

仔细想想设置好之后的事情

　　虽然可以用底沙或沙石种植水草，但为了打扫方便，这次水族箱造景选用的是树脂底床材料，并用金鱼藻作为浮萍。

　　本次造景的重点是如何设计才能让后期维护方便。

1 放入底床材料

将树脂底床材料用水洗净后放入，请使用不影响水质的工具。

2 将水倒入

倒入去除氯的水。

3 放入水草

放入金鱼藻作为浮萍。

4 设置加热棒

斗鱼是热带鱼，冬季需要加热棒来调节水温。

Q&A　有没有避免鱼受伤的转移方法？

▶ 使用小碗或杯子

　　像斗鱼这种尾鳍很长的鱼类，如果用捞鱼网转移，很容易伤到鱼鳍，这时可以换成小碗或小杯子。打扫水族箱时也可以用这种方法让鱼暂时躲避。

◆ 水族箱的保养方法和斗鱼饲养基础知识

1　每周要清理一次水族箱

　　清理水族箱时最好让斗鱼出去"避难"，将排泄物等垃圾用捞鱼网捞上来。然后清洗底床材料，擦拭水族箱玻璃。清理时可以将水族箱取下来，倒掉一半旧水，然后再加入一半新水。这个时候要注意水温不要相差太大。

2　通过逗鱼来保持斗鱼的美丽

　　维持斗鱼美丽鱼鳍的方法是保持斗性。可使用小镜子让斗鱼兴奋，斗鱼就会将鱼鳍展开威吓对方，这样可以避免鱼鳍退化。但是经常这样做也会让斗鱼疲倦，所以一天不要重复太多次。

用热带鱼和水草打造第一个水族箱

月光鱼和易养水草

AQXT Filter
↑ Water Level ↑

◆▶ 选择易养热带鱼和水草，打造热闹非凡的水族箱

下面介绍初学者也能上手的红绿灯和米奇鱼（属月光鱼）混养的水族箱。水族箱的

比米奇鱼的数量多，这样看起来较平衡，水族箱也显得很热闹。

造景材料选用被称为"木化石"的黄色石头，配上明亮的沙石相得益彰。

◆ AQUARIUM TANK DATA

长40厘米 × 宽25厘米 × 高31厘米	玻璃石（橘）6.5千克（SUDO）
26℃、pH6.5	米奇鱼（月光鱼类）、红绿灯、小精灵
外挂式过滤器 AQXT Filter M(KOTOBUKI)	欧亚苦草、叶底红、水罗兰、天胡荽、小狮子草、迷你小榕、矮慈姑
8小时照明/外挂 AQXT LED36（KOTOBUKI）	

水族箱的底床
打造热闹的底床

由于想做出明亮、热闹的感觉，所以底床选择带有颜色的沙石。不要用黑褐色系的底沙，选择颜色明亮的沙石更容易让整体氛围看起来热闹。造景的石头与沙石可选择同一色调的黄褐色系。

1 放入沙石

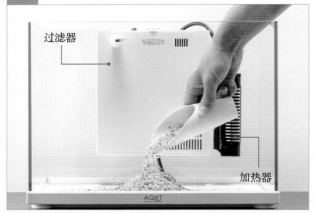

过滤器或加热器等器材设置好后，再倒入提前放在水桶内洗干净的沙石。

2 抚平沙石

用手抚平缸底沙石，注意要前低后高，呈倾斜状。

Q & A 沙石和底沙的量多少合适？

▶ 为了种植水草，最少也要3厘米厚

如果底床只有2厘米厚，想要种水草就有些困难，建议新手可多放一些沙石。考虑到要种植水草，最少也要3厘米厚才行。

将沙石调整出坡度，既可以增加造景的深度，又可以改善水草的生长环境。

调整石头的高低

拨开沙石

拨开要放石头位置的沙石。

在设计水族箱造景时，难免会有"想用这块石头，但太大了"这样的想法。切割或改变石头的样子不太现实，但可以将石头的一部分埋入沙石中。如左图所示，将石头埋入沙石中，从正面看，好像改变了石头的样子。

通过埋进沙石的深度来调节石头的高度。

3 摆放石头

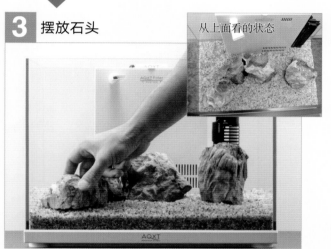

从上面看的状态

事先想好种植水草的位置，再思考如何摆放石头（这次是将水草种在水族箱左右两侧的后方）。

4 倒入水

为了不冲坏造景，在沙石上铺厨房用纸后再倒入水。

5 底床完成

确认加热器或过滤器等器材是否能正常工作。底床就做好了，可以开始种植水草。

2 处理水草

种植前要先处理好水草

下面以本次设计中使用的水罗兰（有茎水草）和矮慈姑（叶基生水草）为例，介绍一下水草种植前的处理知识。

水罗兰（有茎水草）的处理方法

处理前

在专卖店买来后的样子。剪掉长根和多余的老叶。

处理后

剪掉多余叶子后的样子。这个状态就可以种植了，将剪掉的部分扔掉。

将根剪掉。在叶子分叉的下方下刀。

剪掉长在种植部位的叶子。

对面的叶子也要剪掉。留出2～3厘米的茎就可以种植了。

可以用同一种方法处理的水草

小圆叶、叶底红、小狮子草、虎耳草等有茎水草。

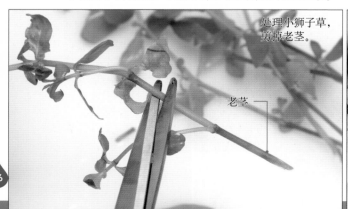

处理小狮子草，剪掉老茎。

老茎

处理叶底红。

◆ 矮慈姑（叶基生水草）的处理方法

叶基生水草中，从中心长出新叶的种类比较多。处理时需剪掉外侧的老叶，根过长时可以剪短。

处理前

从专卖店买回来时的样子。2 ~ 3株束成一捆。

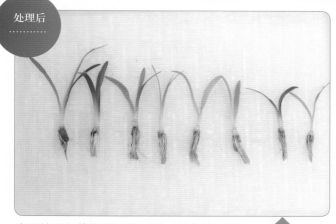

处理后

这是处理后的样子。造景时，基本是一株一株地种植。

将铅片与海绵摘掉，拆成一株一株的样子。

像剥香蕉皮一样将外侧老叶剥除。

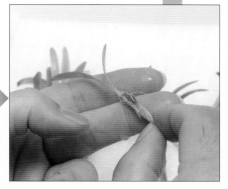

修剪根部，留下可以用镊子夹住的长度即可。

可以用同一种方法处理的水草

苦草类、椒草类、皇冠草等。

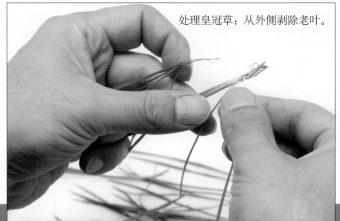

处理皇冠草：从外侧剥除老叶。

处理扭兰。

3 水草种植

选择简单的水草

这次的造景是以专卖店常见、推荐给初学者的水草来完成。买回来后按照前面介绍的方法进行处理。

要种植水草的话，用沙石比黑沙土更容易成活，较推荐从此规模的水草造景开始练习。

1 种植后景水草 ①

种植背景用的扭兰。水族箱造景基本都从后景开始种植。

2 种植后景水草 ②

然后种植水罗兰。后景水草有多种时，从高到低种植。

3 种植中景水草

摆放附着迷你小榕的沉木。将中景水草种在石头与石头之间比较好。

4 种植中、前景水草

将矮慈姑种在中景或前景的位置。

◆ 水草搭配 ｜ 经过数周后，水草会慢慢长成P33图片中的样子。不管哪种水草都很好养，只要定期换水就没有问题。

后景 ▶ P99
扭 兰

线状水草。适用于后景。

后景 ▶ P92
水罗兰

其特征为叶片宽大，适用于中景或后景。

后景 ▶ P92
小狮子草类

较小型的有茎水草。非常易于种植。

后景 ▶ P97
叶底红

叶子为红色的有茎水草。适合作为水族箱中的亮点。

中景 ▶ P92
天胡荽

圆形叶片的水草。适用于中景中的亮点。

前景 ▶ P91
矮慈姑

适合在不太高的前景中造景。

中景 ▶ P90
迷你小榕

生长迟缓，有很强的附着性。

4 水族箱管理

放鱼的最佳时机和水族箱的管理方法

做好底床、种完水草后，接下来就是放入热带鱼了。放鱼的最佳时机是在种完水草1周后。

◆ 对热带鱼来说最重要的是过水

固定吸盘

塑料管

调节阀

把热带鱼放入水族箱前，一定要有意识地进行过水。压抑着将鱼放入水族箱的心情，花一些时间过水，才是避免发生问题的诀窍。

过水时，在塑料管一头安上调节阀会很便利。刚开始过水时一定要慢慢放出水，让水一滴一滴地流，过水时间约1小时为宜。

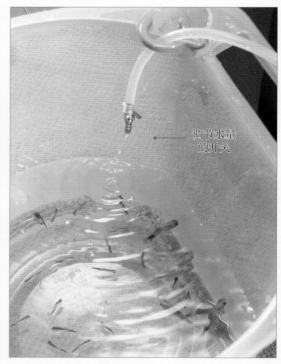

调节水量的开关

当水族箱里的水减少时，可以用杯子将水桶里的水放回水族箱中。请重复此步骤2～3次。

➡注意要将水桶放在比水族箱低的位置，不然水流不出来。

◆ 用玻璃盖防止鱼跳出来或漏水

虽然不加盖子的水族箱很流行，但是为了防止鱼跳出来死掉，或者震动时将水溅出来，还是加上玻璃盖更好。

如果担心鱼从玻璃盖和水族箱之间的缝隙跳出来，可以用塑料板之类的东西将其堵住。

缝隙

◆ 定期换水是维持水族箱造景的基础

水族箱在刚刚完成后，水质还不稳定的时期最为关键。这个时期每周要换水2次，每次最好将三分之一的水换掉。

一个月之后，水质基本稳定，之后可以每周换一次水。

用橡皮管将水抽出，同时清理排泄物或残余饲料等垃圾。

→将水桶里的水倒入水族箱时，注意不要冲坏水族箱的造景。

蓝线金灯

金属色的灯鱼。体色光泽，非常适合水草水族箱。虽然饲养并不困难，但如果水质等环境变差时，体色就会变浅。同种还有金色。

DATA

🐟 3.5厘米　　🌐 圭亚那

⭐ ▢▢▢▢　　💧 弱酸性至中性

宝莲灯

最受欢迎的热带鱼之一，鱼体十分美丽。主要特征是红色贯穿头尾，在水草水族箱中成群游动非常华丽。饲养难度并不大，只是注意不要让水质突变。

DATA

🐟 4厘米　　🌐 巴西

⭐ ▢▢▢▢　　💧 弱酸性至中性

从这种热带鱼开始饲养！P127

红绿灯

热带鱼的代表品种之一。非常皮实，好养，可以和同规格的热带鱼混养。虽然是初学者可以饲养的种类，但繁殖十分困难。爱好者对其欲罢不能。改良品种也很受欢迎。

DATA

🐟 4厘米　　🌐 巴西

⭐ ▢▢▢▢　　💧 弱酸性至中性

从这种热带鱼开始饲养！P33

蓝钻石日光灯

深蓝色与红色形成强烈对比，是备受喜爱的红绿灯改良品种。属蓝色系灯鱼，颜色鲜艳。要好好喂饲料，不然会消瘦下来。

D A T A

 4厘米　　　 改良品种

 弱酸性至中性

白化红绿灯

红绿灯的改良品种，因其外形可爱而广受欢迎。鱼体为透明的乳白色，中间有一条青线。和红绿灯一样不难饲养。

D A T A

 3厘米　　　 改良品种

弱酸性至中性

红灯管

通体透明，中心和背鳍上可以看见一条闪闪发光的橘色线条，是走在时尚尖端的灯鱼成员。皮实好养，性格沉稳，可以混养。推荐初学者饲养。

D A T A

 4厘米　　　 圭亚那

 弱酸性至中性

血红露比灯

尾鳍像萤火虫一样，因此在日本也被称为血红萤火灯。适应环境后，体色会变成鲜亮的红色。嘴很小，所以不用担心啃食水草，易于饲养。性格十分胆小，所以适合数条一起饲养。

D A T A

 3厘米　　　 哥伦比亚

  弱酸性至中性

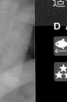

🐟 红头剪刀

如果水质等饲养环境不错时，状态好的个体头部会出现漂亮的红色。虽然是灯鱼的一种，但体型比其他灯鱼要大。适合数条一起饲养，在大型水族箱里十分显眼。

D A T A

🐟 5厘米　　　🌐 巴西

⭐⭐ ▮▮▮▮▮　　💧 弱酸性至中性

🐟 玫瑰旗灯鱼

体色为红色，背鳍边缘染白色。有一定宽度，和大叶水草相得益彰。饲养容易。雄性之间会互相张开背鳍威吓对方，样子十分好看，最好数条一起饲养。

D A T A

🐟 5厘米　　　🌐 巴西

⭐⭐ ▮▮▮▮▮　　💧 弱酸性至中性

🐟 黑旗灯鱼

大背鳍和腹鳍都十分漂亮的灯鱼。第一眼看见可能觉得有点土，但是闪着黑色光芒的鱼体在水草中穿梭，可以把其他鱼衬托得十分漂亮。食量大，非常皮实，饲养难度小。

D A T A

🐟 4厘米　　　🌐 巴西

⭐⭐ ▮▮▮▮▮　　💧 弱酸性至中性

🐟 鱼的大小　🌐 原产地　⭐ 饲养难度（星越多越难）　💧 适合水质

红衣梦幻旗灯鱼

　　靓丽的鲜红色灯鱼。在水草水族箱里十分耀眼。饲养难度不大，可以喂食人工饲料。市面上有颜色特别深红的野性红衣梦幻旗。

DATA

 4厘米　　　　 秘鲁、哥伦比亚

弱酸性至中性

蓝国王灯鱼

　　随着灯光照射的角度不同，身体会呈现美丽的蓝紫色光泽。在水草水族箱里成群游动。脾气有些不好，特别是同种之间有打架的现象。饲养时需要多种水草。

DATA

 5厘米　　　　 亚马孙河域

弱酸性至中性

月光鱼类

　　在世界范围内广受欢迎的热带鱼。月光鱼有许多品种，最出名的'米奇鱼'，其尾鳍图案酷似可爱的米老鼠。不论是饲养还是繁殖都不难，推荐初学者饲养的入门鱼。

DATA

 5厘米　　　　 改良品种

中性至弱碱性

从这种热带鱼开始饲养！P33

从这种热带鱼开始饲养！P55

孔雀鱼类

　　孔雀鱼的尾鳍十分美丽。有各种色彩的品种。放入水族箱时要注意水质，饲养和繁殖都十分容易，购买时最好挑选健康的个体。

DATA

 5厘米　　　　 改良品种

中性至弱碱性

从这种热带鱼开始饲养！P127

🐟 神仙鱼类

神仙鱼以其长长的鳍闻名，可以算是最具代表性的热带鱼。改良品种颇多，形态和体色各异。成熟后最好避免和小型鱼一起混养在狭小的水族箱里。

D A T A

🐟 12厘米　　　　🌐 巴西

⭐ ▢▢▢▢▢　　　💧 弱酸性至中性

🐟 黄金荷兰凤凰（金波子）

小型慈鲷的改良品种。体宽，成熟后稍大些。圆圆的体态和鲜艳的颜色让它看起来十分可爱。性格沉稳，可以在水族箱里混养。

D A T A

🐟 6厘米　　　　🌐 改良品种

⭐ ▢▢▢▢▢　　　💧 弱酸性至中性

从这种热带鱼开始饲养！P127

🐟 荷兰凤凰

缤纷的体色格外引人注目，是慈鲷的改良品种。原种慈鲷也是非常受欢迎的品种，所以改良品种众多。饲养和繁殖都很容易，推荐初学者饲养。

D A T A

🐟 8厘米　　　　🌐 改良品种

⭐ ▢▢▢▢▢　　　💧 弱酸性至中性

🐟 鱼的大小　🌐 原产地　⭐ 饲养难度（星越多越难）　💧 适合水质

短鲷类

　　在爱好者中人气很高，是分布在南美的热带鱼。在欧洲有许多外形美丽的品种，刺激人们的收藏欲。一般成对饲养便于繁殖。

DATA

7厘米　　　　　南美

★★　　　　　弱酸性至中性

斗鱼类

　　斗鱼的体色多种多样，红色、蓝色、白色、大理石花纹等，鳍的形态也各有不同。改良品种颇多，不过都很皮实。有漂亮鳍的是雄鱼，外表较为朴素的是雌鱼。

DATA

7厘米　　　　　改良品种

★★　　　　　弱酸性至中性

鱼开始饲养！P27

巧克力飞船

　　是丽丽鱼的成员，丽丽鱼类体色漂亮，颇具人气。巧克力飞船维持体色十分困难，所以要注意保持水质和控制饲料。水质最好保持弱酸性的软水，最好只饲养这一个品种。

DATA

5厘米　　　　　东南亚

★★　　　　　弱酸性

从这种热带鱼开始饲养！P73

黄金丽丽

　　是丽丽鱼的改良品种。养殖地不同，饲养方式和体色都不同。虽然性格温和，饲养简单，但买入时状态差，极易影响到个体发育生长。

DATA

6厘米　　　　　改良品种

★★　　　　　弱酸性至中性

🐟 三角灯

体色为绚丽的橘红色，与鲤鱼同属的
热带鱼。三角灯越养颜色越深，使用弱酸
性的软水饲养时颜色越发鲜亮。成群游动
时令人赏心悦目，建议数条一起养。

DATA

🐟 4厘米 　　　　🌐 印度尼西亚等

⭐⭐ ▮▯▯▯　　　　💧 弱酸性至中性

🐟 红蚂蚁灯（火焰小丑灯）

魅力在于其鲜红的体色。使用弱酸性的软
水饲养时颜色越发鲜亮。虽然属泰波鱼类，但
长大后也就3厘米。需要稳定的饲养环境，并
喂食精饲料。

DATA

🐟 2.5厘米 　　　🌐 加里曼丹岛

⭐⭐ ▮▯▯▯　　　💧 弱酸性

🐟 圆点小丑

属泰波鱼类，在中型鱼中体型偏大。特征是
周身红色，身上带有黑点。饲养难度低，环境稳
定时十分活跃。适合在小型水草水族箱中饲养。

DATA

🐟 3厘米 　　　　🌐 东南亚

⭐⭐ ▮▮▯▯　　　💧 弱酸性

一眉道人

比较醒目的特征是鱼体中间有一条鲜艳的红、黑线。游动时非常有气势，跳跃能力也很强，所以饲养时最好用高60厘米以上水族箱，并加盖玻璃盖。在90厘米高的水族箱里可以饲养数条。

DATA

 20厘米　　 印度

　　 弱酸性至中性

 **橘色潜水艇**

鱼体上有类似甜甜圈的花纹。性格沉稳，适合混养。成熟后鱼体偏大，最好在高45厘米以上的水族箱里饲养。饲养难度小，但注意水质要保持弱酸性。

DATA

 5厘米　　 加里曼丹岛

弱酸性至中性

钻石红莲灯鱼

特征是带有青色的金属光泽，属小型热带鱼，对水质变化十分敏感，想要长期健康饲养，需要保持水质为弱酸性。数条一起饲养，游动时十分美丽。

DATA

3厘米　　　印度尼西亚

弱酸性

🐟 伊岛银汉鱼（燕子美人）

雄性鱼鳍很长，十分美丽。雄性之间会立起鱼鳍互相威吓对方，看起来非常壮观。这种鱼在水族箱内四处游动，十分活跃，不挑食。嘴比较小，所以要注意饲料的大小。

DATA

🐟 6厘米　　🌐 巴布亚新几内亚

⭐ ▨▨■■■　💧 弱酸性至中性

🐟 薄唇虹银汉鱼（电光美人）

因金属光泽而广受欢迎的高人气彩虹鱼类成员。雄鱼和雌鱼不论是鱼鳍还是体色都有不同。成熟后体型会变宽。饲养容易，非常皮实，在水草水族箱里群游会十分漂亮。

DATA

🐟 6厘米　　🌐 巴布亚新几内亚

⭐ ■▨▨▨▨　💧 中性

🐟 贝氏虹银汉鱼（石美人）

彩虹鱼类的代表品种。好好饲养，鱼头会变成青色。尾部呈晕染般的黄色。在大型水族箱里成群游动时非常醒目。饲养难度低，性格沉稳，适合混养。

DATA

🐟 10厘米　　🌐 巴布亚新几内亚

⭐ ▨■■▨▨　💧 弱酸性至中性

🐟 熊猫鼠鱼

　　鼠鱼类。在底床不停游动的姿态十分惹人喜爱，所以广受欢迎。因眼睛周围呈黑色，让人联想到熊猫而得名。性格胆小，可以数条一起饲养。

DATA

🐟 5厘米	🌐 秘鲁
⭐ ▮▮□□□	💧 弱酸性至中性

从这种热带鱼开始饲养！ P63

🐟 三线豹鼠鱼

　　鼠鱼类。鱼体上的花纹酷似迷宫，花纹有个体差异，深受喜欢收藏的饲养者喜爱。有时被当作茉莉鼠鱼销售。饲养难度低。

DATA

🐟 5厘米	🌐 巴西
⭐ ▮▮□□□	💧 弱酸性至中性

🐟 黑带龙脊鲀（巧克力娃娃）

　　小型淡水河豚。可以纯淡水饲养，在水草水族箱里饲养也十分可爱。好处是会吃水族箱里的小型贝类，不过也会啃食其他鱼的鱼鳍，所以要注意。必须用活饵饲养。

DATA

🐟 4厘米	🌐 印度
⭐ ▮▮□□□	💧 弱酸性至中性

从这种热带鱼开始饲养！ P83

🐟 红蜜蜂虾

　　红白相间的体色在水族箱里非常醒目，因而很受欢迎。体色存在个体差异，根据外形和颜色深浅不同，价格也不同。对水质变化敏感，水族箱里水草长到一定程度后再将其放入比较好。

DATA

🦐 2厘米	🌐 改良品种
⭐ ▮▮▮□□	💧 中性

认识造景的构图

　　在水族箱造景时，难免会有一些困惑，比如如何摆放石头和沉木，如何种植水草。如果有这样的问题，可以参考下面的构图。

　　在参考别人的构图时，如果意识到"这个造景设计大体和这个构图差不多"，那么自己设计这类造景时，头脑里就可以预想效果图了。

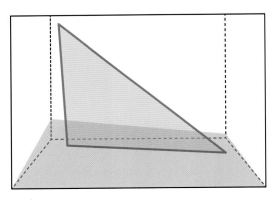

1 三角构图

将底床的左右其中一边堆高，再配置沉木或石头。将较高的水草或后景草种植于底床堆得较高的地方，造景就能取得绝妙的平衡。三角形的线条很好想象，是简单易做的构图。

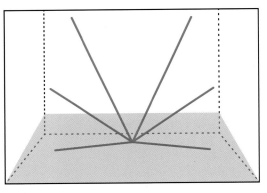

2 放射构图

通常用沉木枝打造放射状的构图。用细长的沉木组合起来，或将枝状沉木从中心向外延伸，就能做出类似的造景。后景的水草要按"凸"字形构图来种植。造景素材上可以附着莫丝，这样平衡感会更好。

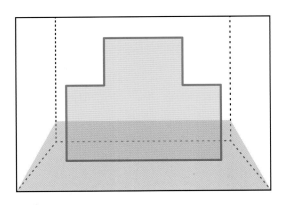

3 "凸"字形构图

中心摆放大型石头或沉木。后景水草要按"凸"字形来种植以取得平衡。这种构图适合不容易分辨左右的方形水族箱。

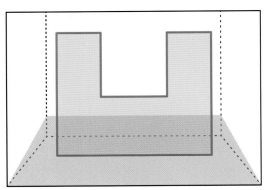

4 "凹"字形构图

用大石头打造左右凸起的感觉，为了平衡，在左右两边也要种植一些水草，但不用完全对称，打造出一些差异感。

第三章 初级造景篇

CHAPTER **3**

通用型水族箱
孔雀鱼和红木化石

充分利用小型水族箱的整体空间

小型水族箱里如果使用过多的石头或种植品种繁多的水草，会显得十分拥挤，给人一种压迫感。

为了充分利用水族箱的空间，在造景时可以选择细长的石头纵向摆放，并种植如小柳般有一定高度的线状水草。

色彩艳丽的孔雀鱼和红木化石在黑色的背景衬托下显得格外美丽。

◆ AQUARIUM TANK DATA

- 长23厘米 × 宽23厘米 × 高25厘米
- 26℃、pH6.8
- 水族箱一体式过滤器（GEX）

- 8小时照明，一体式LED灯（GEX）
  对鱼影响小的天然沙石1.7千克（GEX）
- 孔雀鱼类、小精灵
- 小柳、水蕨、针叶皇冠草、红印度小圆叶、假马齿苋、罗贝利、球藻

1 水族箱的底床
用多块石头组成的造景

本次造景的水族箱使用红褐色石材，也被称为红木化石。这种石材有许多适合小型水族箱的尺寸，使用起来非常方便。

1 放入沙石

本次造景中使用白色的沙石，将洗干净的沙石倒入水族箱底部。

2 将沙石抚平

用手将沙石抚平，同时打造出前低后高的斜面。

Q & A 加热器或过滤器应设置在哪？

➡ 有些水族箱从外表看不见加热器或过滤器

这次使用的水族箱内侧有设置加热器或过滤器的空间。如果觉得设置过滤器或搭线等工作烦琐，也可以使用一体式水族箱。

空间

加热器

有意识地按照构图摆放石头

"凸"字形构图中间高，所以中间摆放较高的石头。

"凹"字形构图左右高，所以左右两侧摆放较高的石头。

在水族箱里摆放石头和沉木时，毫无章法地胡乱摆放是不行的，在摆放前就要想好造景构图。决定好摆放的石材后，还要决定在哪里种植水草，并留出空间。

3 从后侧开始摆放石头

从水族箱的后侧开始摆放石头。大石头在后侧，小石头在前侧，打造出高低错落的感觉。

4 摆放前侧的石头

一边考虑水草要种在哪里，一边摆放前侧的小石头。

5 底床完成

倒入水后底床就完成了。注意倒水时不要冲坏造景。

水草种植
在石头缝之间种植

在石头的缝隙间种上各种各样的水草来打造水景。

如果摆放了过多的石头，就不容易用镊子种植水草了。这时就不得不重新考虑造景，减少石头，或先取出一部分石头，种好水草后再将石头放回去。

1 种植后景水草①

种植后景水草小柳。推荐使用细长的镊子来种植会更容易。

2 种植后景水草②

像红印度小圆叶这类的有茎水草可以将几株合在一起种植。

3 种植中景水草

将假马齿苋剪短后，再种入中景。

4 摆放球藻

用镊子将球藻放好。注意如果不用沙石埋住，球藻会随着水流变换位置。

◆ **水草搭配** 在这个小型水族箱里种植了7种水草。在中景和后景中，将相同品种的水草分别种入左右两侧，可以达到平衡。

后景
水蕨

叶片细小，适用于中景。

后景 ▶P.145
小柳

线状水草。适合后景。

后景 ▶P.143
红印度小圆叶

纤细的有茎水草。适合中景或后景。

后景 ▶P.96
假马齿苋

小型有茎水草。非常皮实。

中景 ▶P90
罗贝利

不会长得太高，所以适合做前景水草。

前景 ▶P90
针叶皇冠草

适用于草原般的造景设计中。

中景
球藻

适用于可爱风的造景。

3 关于过滤

为了水质稳定必须做的事情

一体式过滤水族箱的过滤槽非常大。下面我们来学习过滤槽的使用方法。

◆ 一体式过滤水族箱的工作原理

排　水
净　水

吸　水
污　水

水　泵

过滤槽

这种水族箱是通过背面的管子，将水从水族箱里吸入过滤槽，过滤后将干净的水通过水泵排入水族箱。过滤空间大，所以比一般外挂式过滤器的过滤能力强。

排水口

给水口

◆ 添加有助于过滤的硝化细菌

和不断更换滤材的过滤器不同，过滤槽能使水质变干净的重要原因是里面有硝化细菌定居。在最开始时，要在水族箱和过滤槽内都添加一些硝化细菌，帮助稳定水质。

◆ 改变滤材，定制过滤槽

在过滤槽尚有空间时，可以按自己的想法设计滤材。和外挂式过滤器一样，一体式水族箱可以在过滤槽中放置下面这些滤材。

1 海绵。是为了对物理性质的垃圾进行阻隔。

水泵

3 活性炭。可以分解水溶性有害物质或消除臭味。

2 环状滤材。可以供硝化细菌寄生。

➡过滤槽约一个月清理一次。海绵和环状滤材要用水族箱里的水清洗，活性炭则需要替换新的。

双面观赏的方形水族箱
会挖沙的鼠鱼

◆ **爱撒娇的鼠鱼**

　　惹人怜爱的举止及小巧可爱的外形让鼠鱼皮
迎。本次水族箱造景以饲养鼠鱼为主题，使用方序
箱，选择较细的沙粒。

　　鼠鱼不像灯鱼类生活在中层，而是像鲇鱼一村
在底层。所以要注意选择适合的底床材料，器具t
心设置。

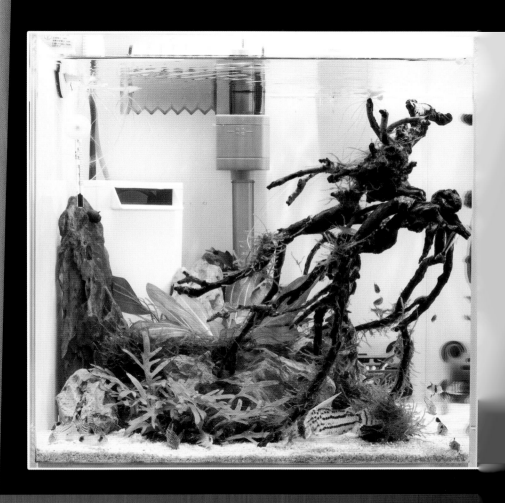

◆ **AQUARIUM TANK DATA**

🐢 长30厘米 × 宽30厘米 × 高30厘米

🌡 25 ～ 28℃、pH6.0

▽ AT-30（Tetra）、静音运转过滤器（GEX）

💡 8小时照明，原装LED灯泡（Tropiland）

🐚 日本拉普拉塔化妆沙（ADA）

🐟 熊猫鼠鱼、珍珠鼠鱼、红头鼠鱼、舒
瓦兹鼠鱼、三线豹鼠鱼、绿莲灯

🌿 红皇冠草、翡翠莫丝、三叉铁皇冠、
圆心萍

水族箱的底床
选择适合饲养生物的底床

鼠鱼在寻找食物时，会用嘴拨开沙粒，所以尽可能不用黑底沙，而是选择沙石比较好。此外，鼠鱼会挖沙，即使种了水草也会被它们挖出来。因此，水草最好附着在沉木上，或放在小盆中栽培。

Q & A 饲养鼠鱼应选择什么样的沙子？

▶ 颗粒细小、形状圆润的沙石比较合适

饲养鼠鱼的水族箱，其底床适合用类似河床床底的沙子，又圆又细。不要选择带棱角、边缘锋利或沙粒粗糙的人工沙子，而要尽可能选择圆形沙粒。

鼠鱼用脸翻动沙子的样子十分可爱。

1 设置好器具，然后倒入沙子

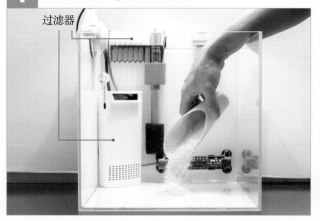

过滤器

设置好水泵和过滤器后，将洗干净的沙子倒入水族箱。

2 放入盆栽水草

放入盆栽红皇冠草（种植方法参考P66）。

3 摆放石头

用石头来隐藏花盆。本次选用黄虎石来造景。

4 摆放附着水草的沉木

摆放附着翡翠莫丝的枝状沉木。

5 放入附着水草的石头，底床完成

摆放好附着翡翠莫丝和三叉铁皇冠的石头，底床就完成了。

附着三叉铁皇冠的石头

附着翡翠莫丝的石头

水草种植

不用种植的盆栽水草

　　可以选用附着水草的石头或沉木，也可以选用盆栽水草，即使不在底床种植水草也能完成水族箱造景。

　　下面介绍一下盆栽水草的制作方法。

盆栽水草的制作方法

1 **和种植水草的处理方法相同**　盆栽水草种植前的处理方法，和基本的水草处理方法相同，即剪掉老根老叶。

刚买回来时水草的状态。

用镊子将根周围的无纺布去除。

去除多余的根或叶即可。

2 **在盆中放入底沙**　准备好无纺布和塑料花盆，就可以种植水草。

无纺布

在倒入底沙前，在盆底铺上无纺布。

在无纺布上铺少量底沙。

喷雾嘴

放入一半后，喷雾使底沙变湿。

◆ 水草搭配

本次造景都是用附着水草的造景素材或盆栽水草构成的。饲养鼠鱼要保持底床干净，所以在打扫水族箱时，最好先将水草移出去。

三叉铁皇冠的叶片呈分枝状。

前景 ▶P140
三叉铁皇冠

中景
红皇冠草

大叶水草，是水族箱中的亮点，要放在醒目的位置。

中景 ▶P92
翡翠莫丝

附着在沉木或石头上，适合做中景使用。

将红皇冠草的根部聚拢对准中心。

一边用手扶着植株，一边倒入黑沙土来固定红皇冠草。

固定好后，用喷雾器弄湿黑沙土。

3 喂食情况和环境打造

要注意观察每天的喂食情况和水族箱环境

鼠鱼的饲料和灯鱼等鱼类不同。根据鱼的种类要选用不同的饲料，这一点非常重要，请务必记在心上。

◆ 尝试投放不同种类的饲料

日常喂养可以选择方便的人工饲料

人工饲料分为"灯鱼专用""鼠鱼专用"等不同种类，包装上会清楚注明，投喂时选择符合鱼种类的饲料即可。

鼠鱼的饲料会沉底，外形扁平，投喂时能看到鼠鱼像图片里一样拼命吃的样子。残留的饲料会导致水质恶化，所以要仔细观察，取出多余的饲料。

适量投喂受热带鱼欢迎的红线虫

红线虫受很多热带鱼喜爱。一般购买时是冷冻状态，不要直接投喂，要放在其他容器里先解冻再投喂。

为避免四处散落，要用吸管将红线虫投喂在鱼的附近。

◆ 适合饲养鼠鱼类的过滤器和水温

鼠鱼的饲料很容易污染水质，所以水族箱过滤能力要强，这个水族箱设置了两台过滤器。

另外，鼠鱼不喜欢过高的水温，所以要设置风扇，在夏季酷热时可以降低水温。花点心思为鱼打造舒适的环境。

◆ 注意水族箱环境，并记住鱼或水草的特性

椒草

放入水族箱后，如果遇到大量换水、水质骤变或温度下降，椒草会变得脆弱，叶片甚至会溶解。待植株适应环境后就没问题了。

斗鱼

斗鱼不喜强水流，因脾气不好所以不适合混养。它们对低温十分敏感，最适温度为26～28℃。

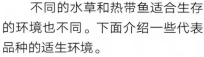

不同的水草和热带鱼适合生存的环境也不同。下面介绍一些代表品种的适生环境。

有些鱼和水草对水族箱环境有特别要求，所以在专卖店购买时一定要询问好。

虾类

虾对水质十分敏感，特别是红蜜蜂虾，不耐高温，反而能忍受低温。在转移容器时，一定要好好过水。

4 水族箱管理

观察水族箱时的注意事项

自己设计的水族箱造景完成后，进入日常管理阶段，这
个阶段要仔细观察，看看水族箱有没有什么异样。

◆ 每天检查水族箱有无异常

这里列举了日常要注意的三
点事项。欣赏水族箱的同时，一
定别忘了仔细检查。

3 器具

确认水草灯是否可以正
常工作，如果有定时器
也要确保定时器能正常
工作。确认过滤器的给
水口和排水口是否通
畅，流量是否正常，管
线是否接好了。

1 水

确认有没有漏水，水温
有没有异常。最好每天
检查水族箱的周围，并
测量水温。

2 鱼和水草

观察热带鱼和水草是否
健康，是否把饲料都吃
干净了，水草叶片是否
少了。

◆ 饲养的热带鱼如果出现特别的动作要仔细观察

鼠鱼是皮实的热带鱼，但它们常在底床活动，很容易受到病菌侵染，尤其易发生立鳞病和烂尾病等。鼠鱼一般在水族箱角落或过滤器上成群游动，所以一旦感染很容易传染给同伴。

如果感染了疾病要到专卖店里咨询对策，对症下药。此外，要将染病的鱼放在其他鱼缸里单独隔离。

白点病

对策：慢慢升高水温至30℃（1天最多升高2℃）。投放小于1%盐水或药剂处理都有效，但同时对水草也会产生极大影响，所以最好移到其他鱼缸里治疗。

烂尾病

对策：发病初期用盐水或药剂处理都会有一定效果。病因是水温过低、在转移时的碰撞，或被其他鱼攻击时产生伤口所引起的。要仔细观察饲养的鱼之间有没有打架的行为。

立鳞病

对策：虽然有专门治疗的药剂，但是一旦染病就很难完全根除。病因是水族箱的水环境恶化，不管什么疾病都要注意管理水质才是治疗的根本。

水霉菌

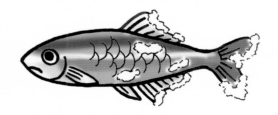

对策：发病初期可以使用盐水或药剂处理。病因是伤口寄生了病原体导致发病，所以要认真观察鱼的行动，看看有没有被欺负的鱼。

欣赏精心培育的水草和热带鱼的中型水族箱

沉木和巧克力飞船

◆ 越养越漂亮的热带鱼和水草

有些鱼和水草在刚放入水族箱时和适应水族箱后，外形会有很大差别。本次水族箱造景中准备饲养的巧克力飞船就是"越养越漂亮"的一种热带鱼。

椒草和皇冠草等水草长期种植后叶色会更美丽。虽然每天的变化很小，但时间长了变化就很大。

巧克力飞船在适应水族箱的环境后，体表黑褐色会变得越来越浓。为了维持最好的体色一定要好好喂养。

◆ AQUARIUM TANK DATA

🐱 长45厘米 × 宽23厘米 × 高30厘米	🐚 纯过滤沙6千克（GEX）
🌡 26℃、pH6.0	🐟 巧克力飞船、小精灵
🔻 AT-30（Tetra）、静音运转（GEX）	🌿 黑木蕨、翡翠莫丝、红印度小圆叶、辣椒榕、皱边椒草、长椒草、波浪椒草、小竹叶、针叶皇冠草
💡 8小时照明，CLEAR LED PG 450（GEX）	

1 水族箱的底床

打造附着水草的沉木

巧克力飞船偏爱弱酸性水质，因此建议用黑沙土和沉木来打造底床。与石头和沙石的底床相比，这样的底床更容易偏酸性。

在造景中，沉木上可以附着水草，让造景不要看起来像只塞满沉木而已。

1 放入底沙

过滤器

加热器

设置好加热器和过滤器后，倒入底沙。

2 摆放沉木

在薄薄的底沙上摆放沉木，并决定好如何组合。这时可以思考该让水草附着在哪里。

Q & A 刚买回来的沉木可以直接用吗？

➡ 如果不先浸泡在水中，沉木会浮起来无法使用。

沉木在专卖店里出售时是干燥的状态，因此在放入水族箱前一定要提前在水里浸泡好，不然沉木会浮起来。买来后，要将沉木放在水里泡几天。

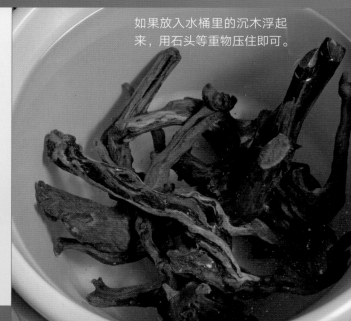

如果放入水桶里的沉木浮起来，用石头等重物压住即可。

制作附着水草的沉木（附着皇冠草等）

将水草压在想附着的位置上，用园艺扎丝固定。

将园艺扎丝扭转固定在水族箱正面看不到的位置。

数周后水草会扎根在沉木上，此时再将园艺扎丝剪除。

3 拔出沉木，放足底沙

取出沉木，填足底沙。之后将水草卷在沉木上，做好配置前的准备。

4 摆放附着水草的沉木

摆放附着水草的沉木，决定好位置后再稍微补充一些底沙。

5 底床完成

和 **4** 相比，底沙明显增加不少。水草附着位置可以参考图片。

翡翠莫丝

皇冠草

黑木蕨

黑木蕨

辣椒榕

翡翠莫丝

2 水草种植

种植多种水草

本次造景需要种植多种水草。如果有长势不好的水草，那就增加其他长势好的水草的比例，给造景设计增添了许多选择。种植多种水草是提高造景设计能力的捷径，建议各位多加尝试。

1 种植后景水草

在左右两边的后侧种植椒草、红印度小圆叶等后景水草。

2 种植中景水草

在中景处稀疏地种上椒草和小竹叶。

3 种植完成

完成全部种植。沉木和底沙的连接处可用水草隐藏起来。

◆ 水草搭配 | 摆放除附着水草外的其他水草。从上方先观察一下，决定好水草在后景、中景和前景的作用后再摆放比较好。

后景 **皱边椒草**

大型水族箱中经常使用的经典后景水草。

中景 ▶P101 **龙骨瓣莕菜**

很容易成为中景中的亮点。

后景 ▶P143 **红印度小圆叶**

小圆叶中很容易培养的品种。

后景 **大 柳**

线性水草，适合后景。

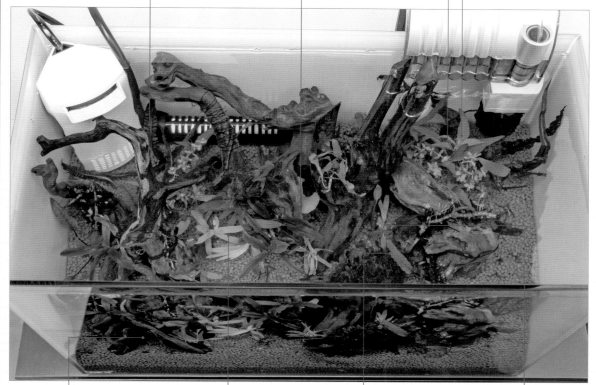

前景 ▶P90 **针叶皇冠草**

前景水草中的经典，稀疏地种上几株即可。

中景 **小竹叶**

适合中景或后景的水草。

中景 ▶P94 **波浪椒草**

简单养护，中景水草中的经典。

中景 ▶P95 **长椒草**

种植简单的中景草。

3 水族箱管理

过滤器的设计和注意点

巧克力飞船与椒草、皇冠草等水草都会越养越美。下面介绍长期饲养时的注意事项。

◆ 长期饲养所需的过滤器设计

考虑到长期饲养，最重要的器具就是过滤器。

一般使用外挂式过滤器，滤槽中选用一次性滤材，脏了及时更换即可，方便简单，但为了让过滤性能稳定，这里推荐使用定制的滤材。

具体来说，只要将环形滤材放入过滤槽内即可。可以让细菌附着其上，对长期稳定饲养是很有好处的。

定制滤材中的材料在市场上都有销售，将这些滤材装入网里。

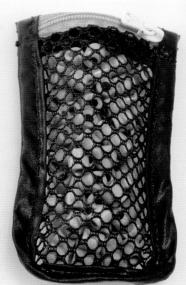

使用前 　　　　　　使用后

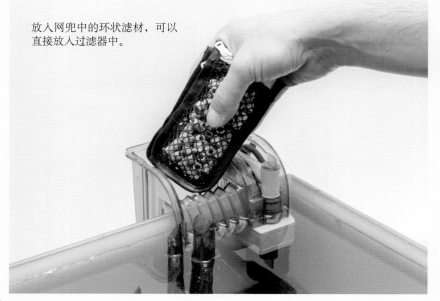

放入网兜中的环状滤材，可以直接放入过滤器中。

记住使用的滤材种类，因为滤材的改变会影响过滤的稳定性。滤材是硝化细菌寄生的地方，若水族箱环境不稳定，滤材也无法发挥作用。

只要经常换水，滤材也能稳定地发挥作用，就能保证水质清洁。

◆◆ 饲养巧克力飞船时的注意事项

饲养巧克力飞船时需要注意的重点是饲料。新买的巧克力飞船放入水族箱后，可能会无精打采，也没什么胃口。这时不要强行喂食，要观察一下。

此外，巧克力飞船原本就不太爱吃人工饲料，刚开始可以喂食红线虫。刚放入水族箱时，巧克力飞船容易患白点病，因此要特别注意。但只要适应了环境，体质就会非常强壮，之后好好喂养就行了。

◆◆ 沉木上出现类似薄膜的东西怎么办？

白色薄膜是霉菌。维持沉木表面的干净就能避免长出霉菌。

将沉木放入水族箱时，可能会出现像左图一样的白色薄膜。这是霉菌的一种，可以取出沉木，用牙刷将其刷掉，再用水冲干净。

飞狐

大和沼虾

不过，如果造景太紧密，很可能无法将沉木取出。这时可以放入大和沼虾、飞狐、小精灵来缓解症状。

4 思考水景完成图

想象水草长大的样子

　　想让水族箱的水草健康地生长需要注意两个重点事项。一是想象未来的样子再进行种植，二是根据实际情况随机应变。为此，需要先了解大多数水草的生长习性。

◆ 种植前，先了解水草的生长习性

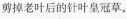
剪掉老叶后的针叶皇冠草。

　　水草长大后大多数情况下与在专卖店里出售时的样子不同。买回来后要修剪多余的老叶再种植，在水族箱里长出的新叶要好好保留，这样才能变成漂亮的水草。

　　这里介绍剪掉老叶后的种植方法。

叶子基本被剪掉了，用镊子夹住聚拢的根的前端。

用镊子将其埋入底沙中，种到几乎看不到为止。

放松镊子后迅速抽离底沙就完成种植了。

处理前

刚种好后，基本看不到叶子。可能会产生"这样就种好了吗？"的疑惑。

处理后

数周后，叶子就会顺利地长出来。之后生长顺利的话还会分株。

刚种完水草的状态。

处理前

在水草还没长大的状态下，沉木占的面积就显得很多，整个水族箱呈褐色的印象。

水草种植后60天。

处理后

有茎水草生长情况非常显著，绿色面积不断扩大。再过几个月后，椒草等水草就会长得更茂盛。

体验虾成长和繁殖的细长型水族箱

蜜蜂虾和苔藓

◆ 适合蜜蜂虾的环境

　　本次造景主要以红白蜜蜂虾和白黑蜜蜂虾为主题。饲养蜜蜂虾的关键是做好水质、水温的严格管理。若严格控制水质，繁殖就

　　以欣赏蜜蜂虾为主的水族箱，也要配置少许水草和沉木。造景不要太复杂，不然蜜蜂虾会钻到里面去，就没有办法发现生病的

◆ *AQUARIUM TANK DATA*

- 长60厘米 × 宽20厘米 × 高25厘米
- 24℃、pH6.2
- 过滤器
- 8小时照明 CLEAR LED POWER III（GEX）

- 虾用底沙3.5千克（GEX）
- 红蜜蜂虾、蜜蜂虾、小精灵
- 翡翠莫丝、酒杯槐叶萍、球藻

水族箱的底床
专为生物打造的底床

适合饲养蜜蜂虾的床底有多种，一般在专卖店里都能找到，从中挑选就可以。

至于造景素材的选择，比起石头，建议以沉木为主较佳。

Q & A 饲养蜜蜂虾的注意事项

▶ 要谨慎挑选和蜜蜂虾一起饲养的热带鱼及水草

饲养蜜蜂虾时需要注意水质，此外，一起混养的鱼和水草也要格外留意。

例如，像神仙鱼这类大中型鱼会以蜜蜂虾为食，所以不能一起饲养。

放入新水草时也要留意。如果水草上还残留着农药就放入水族箱中，一个晚上就可以将蜜蜂虾全部杀死。

---

1 撒硝化细菌

事先撒好有助过滤的硝化细菌。

2 放入底沙

在硝化细菌上铺一些底沙。

3 暂定沉木的位置

在底沙上试着摆放沉木。保持整体的均衡感，决定翡翠莫丝附着的地方，同时架设过滤器。

4 配置附着翡翠莫丝的沉木

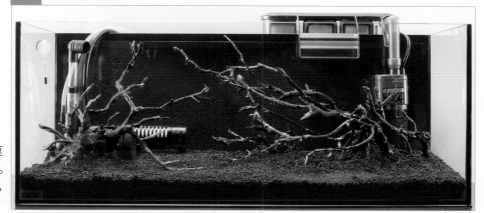

在沉木上缠好翡翠莫丝，再放进水族箱。固定好沉木的位置，然后用底沙埋住它。

5 倒入水，放入浮萍，即完成底床

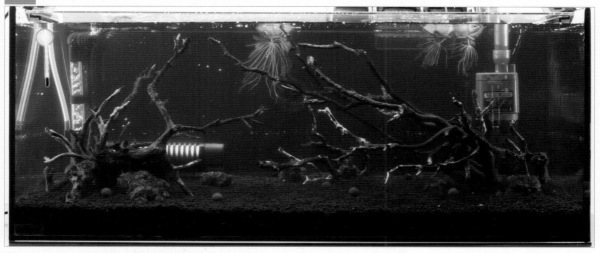

倒入水，放入酒杯槐叶萍、球藻就完成了。

水草种植
不用种植就可以摆放的水草

附着水草的沉木可以在专卖店里买到，但如果想要水草附着在自己喜欢的位置上，可以按照下面方法自己制作。掌握了技巧后制作起来并不难，准备沉木和小石头试试看吧。

◆ **附着水草的造景素材的制作方法**

1 **在沉木枝条上附上翡翠莫丝** 沉木枝形状很酷，摆放后很能造气势，同时也是很适合附着莫丝的造景素材。

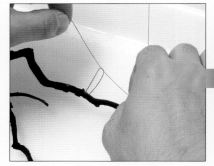

在准备卷上莫丝的地方先用莫丝棉线打一个结。

将莫丝放在绑有棉线的位置，量不要太多，并且需要小心，避免重叠。

螺旋状缠上棉线，可以稍微用点力。

2 **在小块的熔岩石上附着翡翠莫丝** 熔岩石是石头中相对便宜又容易上手的造景素材。与在沉木枝上卷翡翠莫丝的操作方法相同。

首先，先决定哪面是石头的正面（在水族箱中朝向正面的地方）

将莫丝棉线绑在反面。

在正面放上适量的翡翠莫丝，注意不要放太多。

◆ 水草搭配

　　这是由莫丝和浮萍所构成的简单造景。如果觉得太冷清，可以在左右两边的后侧种植有茎水草，不过这样一来，蜜蜂虾的藏匿之处可能会增加，需要多加注意。

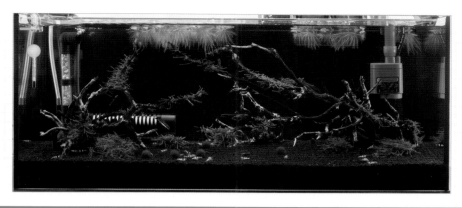

POINT

▶ 为了不让莫丝浮起来，先将沉木放入水中试一试

缠了数圈之后，将棉线剪断。

为了不让莫丝浮起来，要将棉线打上结。

缠好后，放入水中试一试，确认莫丝不能浮起来即可。

POINT

▶ 先决定石头哪一面是正面，再卷莫丝

注意不要让石头锋利的棱角切断棉线。

为了不让莫丝浮起来，在石头的左右均匀地多绕几圈。

在石头的反面打结。

3 蜜蜂虾和水

为蜜蜂虾准备最适合的生长环境

饲养蜜蜂虾时，最重要的一点是在放入水族箱前一定要过水。虽然需要花费不少时间，但要认真去做，不然后果严重。

◆ 将虾放入水族箱前一定要过水！

翘首以盼的蜜蜂虾买来后，一定非常想放入水族箱中欣赏，但还是要花费足够的时间过水，即使数小时也不算久。

需要注意的是，在过水的同时要向水中补充氧气，同时注意不要让室温过高或过低。

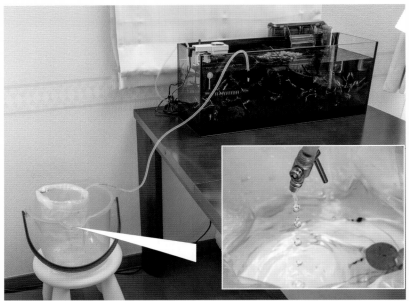

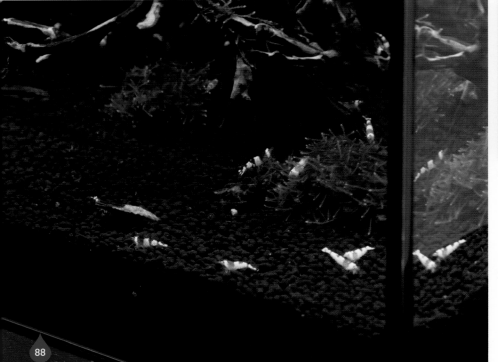

稍微适应环境的蜜蜂虾，可以维持目前的体色。

刚刚放入水族箱的蜜蜂虾。体色会变淡，经过数天适应期，慢慢就会稳定下来，不用担心。

◆ 用适合的水温去饲养

风扇

水温计

蜜蜂虾对高温十分敏感，勉强可以抵抗低水温，生长适温是23 ~ 26℃。为了保持适温，可以配合使用风扇，5 ~ 10月也要特别注意水温管理。

如果仅靠风扇无法降低水温，可以打开房间的空调，或利用水族箱专用的冷却机。

水族箱专用冷却机（参考P132）

◆ 为打造适宜水质所需的工具

饲养蜜蜂虾用的工具有可以补给矿物质还能缓解浑浊的蒙脱石等。

饲料种类和饲养工具五花八门，找出适合自己的工具。

蒙脱石是饲养蜜蜂虾的经典工具。

蒙脱石

市面上有各式各样的饲料，为避免蜜蜂虾吃腻了，可以准备两种左右的饲料。

为初学者推荐的

水草图鉴

迷你小榕

是水榕类水草中的小型种，适用于小型水族箱。可以种在底沙里，也可以附着在沉木和石头上，是设计用途比较广的水草。培育非常简单，但生长缓慢，容易被藻类附着。

D A T A

弱酸性至弱碱性

针叶皇冠草

小型品种，培育简单。虽然在光照较低的环境下也能生长，但是光照太弱就会徒长。环境好时生长速度很快，新芽呈红色。

D A T A

  弱酸性至弱碱性

罗贝利

在水面上的叶子呈紫色，在水中的叶子呈亮绿色。培育简单，但种植时容易伤到根。在硬度低的底床上反而不太容易种植，所以最好用沙石种植。

D A T A

 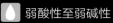 弱酸性至弱碱性

 必需的光量  必需的CO₂量 栽培难度（越难星越多） 适合的水质标准

绿皇冠

属皇冠草。即使在不添加CO_2的环境下绿皇冠也能生长良好，根系一旦展开就成为健壮的水草。可以在底沙上追肥，有助其更好地生长。根系扎得很深后，不要频繁移栽。

DATA

 弱酸性至弱碱性

矮慈姑

靠匍匐茎繁殖的小型水草，非常适合做前景草。矮慈姑对水质的适应能力非常强，所以培育简单，适合使用固态肥料。分株过多时可以通过间株来控制数量。环境良好时，可能会向大型化发展。

DATA

 弱酸性至弱碱性

小榕

在水草中以特别健壮闻名，是拥有大型叶片的附着性水草，在不添加CO_2、光照充足的环境下也能生长。不过生长速度缓慢，注意叶片表面不要让藻类附着。

DATA

弱酸性至弱碱性

 黄金小榕

和小榕相比叶色偏黄，属于附着性水草。非常皮实，不太需要CO_2和光照就能很好地生长。注意不要让藻类附着在叶片上。

DATA

 弱酸性至弱碱性

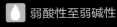

翡翠莫丝

可以附着在沉木和石头上的水草。不仅能作为中景草，在其他地方也可以广泛应用。在强光照、添加CO_2的环境下很容易生长茂盛。不过，过于茂盛可能会使附着的部分枯萎，所以要适度间株。

DATA

弱酸性至中性

天胡荽

生长迅速，不需要强光照和添加CO_2，所以容易培养。环境好时可以长成大型水草，也可以向斜上方生长，繁殖过多时需要间株。天胡荽非常适合搭配沉木造景。

DATA

弱酸性至弱碱性

水罗兰

细长延伸的叶形态很特别，外形近似茼蒿。叶片展开后占的空间很大，是一种非常皮实且生长迅速的水草，推荐初学者种植。茎非常粗，适合用粗镊子种植。

DATA

弱酸性至弱碱性

💡 必需的光量　　🫧 必需的CO_2量　　⭐ 栽培难度（越难星越多）　　💧 适合的水质标准

 小狮子草

从古至今都十分受欢迎的水草，不太需要光照和CO_2，培育简单。修剪后新芽就会长出来。吸收营养后会长得十分茂盛，补铁对生长有帮助。

DATA

弱酸性至弱碱性

 红丝青叶

小狮子草的变种。光照量、光照时间、水温和肥料等因素都会对其颜色产生影响。粉色的叶子最美，但是要保持很难。适合做中景和后景水草。

DATA

弱酸性至弱碱性

 铁皇冠

铁皇冠的代表品种，以本种为基准，另外还有细叶、线叶、鹿角、三叉等其他品种。有一定附着沉木和石头的能力，不耐高温，水温超过28℃会出现枯萎病（蕨类植物常见病，叶片起初变黑，之后蔓延至全株，甚至枯萎），随即叶片会枯萎。

DATA

弱酸性至中性

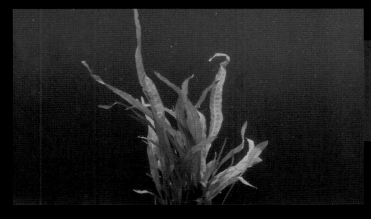

 细叶铁皇冠

在水草中属于有名的健壮品种。即使在不添加CO_2、光照不足的情况下也能顺利生长。多数附着在沉木或石头上。但水温过高时会患枯萎病，所以要注意。

DATA

弱酸性至中性

波浪椒草

根据环境的不同，叶色会从深绿色变成褐色，是色彩多变的一种水草。在开始种植时，如果叶片溶解或枯萎都不要灰心，只要根系没事就能再长出新叶。

DATA

弱酸性至弱碱性

红波浪椒草

同属波浪椒草，是一种叶片泛红的品种，非常健壮。理想环境是软水和稍低温的环境，光照偏少。在大型水族箱里可以长成大型水草。

DATA

弱酸性至弱碱性

棕温蒂椒草

叶脉酷似棋盘。培养时最好将含钾的固态肥料和综合液肥一起施用。根系展开需要时间，很容易发生溶叶现象，比其他同种水草脆弱。

DATA

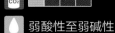

弱酸性至弱碱性

必需的光量　必需的CO₂量　栽培难度（越难星越多）　适合的水质标准

绿温蒂椒草

是椒草类（隐棒花属）中最皮实、最容易生长的品种。初学者极易上手，和其他同类一样对环境变化非常敏感，避免频繁换水和多次移植。

DATA

 弱酸性至弱碱性

 **咖啡椒草**

是椒草的一个较小型品种，特征是带有咖啡色的细叶。即使将咖啡椒草种在沉木和石头的背阴处也能很好地生长，同时还能适应各种水质，但对中性水质比较偏爱。

DATA

 弱酸性至弱碱性

 **长椒草**

叶片细长是其主要特征。和其他同类相同，长椒草也是比较皮实、易于培养的品种。生长缓慢，对环境变化的适应性强，很少移植失败，喜肥。根据光照不同，叶片的褐色深浅程度不同。

DATA

 弱酸性至弱碱性

 迷你椒草

原产斯里兰卡的小型椒草。和其他同类相比，迷你椒草叶子光滑。虽然椒草非常皮实，但生长十分缓慢，是一种初学者也不容易种植失败的品种。适合在前景中使用。

DATA

 弱酸性至弱碱性

 石龙尾

密集的细叶是其特征。在不添加CO$_2$的环境下也能生长，不过添加后会长得更大。施肥时补充铁元素能使石龙尾的叶片更绿。如果使用底沙做底床，可能会因为硬度不够而枯萎。

DATA

弱酸性至弱碱性

 红水盾草

是一种叶片鲜红的水草。营养不足时叶片的红色会变淡。如果想将红水盾草养得足够美丽，一定要施用含铁的液态肥。

DATA

弱酸性至弱碱性

 假马齿苋

叶片呈圆形，非常可爱。一旦适应了水族箱的环境就非常皮实，在适应过程中，叶片可能会变小。在强光照、添加CO$_2$的环境下能长得更好。适合多株一起种植，会很漂亮。

DATA

弱酸性至弱碱性

必需的光量　必需的CO$_2$量　栽培难度（越难星越多）　适合的水质标准

血心兰

红色系水草的代表品种。在水景的边缘种植一些比较好看。想要血心兰长得美丽需要给予充足的光照和CO_2。同时，血心兰还有可能会被虾啃食，这一点一定要注意。可以施用含铁的肥料来加强叶片的红色。

DATA

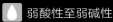

弱酸性至弱碱性

叶底红

可以用沙石培养的皮实的水草。根据环境的不同，叶色从绿色至褐色各不相同，可以让种植者充分欣赏其变色的过程。在没有添加CO_2的水族箱里叶色可能会比较单一。

DATA

弱酸性至弱碱性

三色叶底红

水面上的叶子是绿色的，但是在水中叶片会变成深红色。叶子本身很大，所以不推荐使用小型水族箱培养，可以用沙石底床培养，所以使用范围很广。

DATA

弱酸性至弱碱性

中柳

中柳的亮绿色令人神清气爽。虽然培养起来很容易，但如果肥料和光照不足时，下部的叶片很容易脱落。

DATA

弱酸性至弱碱性

🌱 皇冠草

是极具代表性的造景水草之一。植株成熟、叶片变多后就可以作为中心植物使用。环境好时植株会向大型化发展，在弱光或缺乏CO_2的环境下植株偏小。

DATA

💡 ▮▮▮▯▯   🆑 ▮▯▯▯▯

⭐ ▮▮▮▯▯   💧 弱酸性至弱碱性

🌱 红九冠

红九冠有像红宝石般鲜艳的叶子，种植在水族箱里非常华丽。红九冠偏好底床施肥，根系展开后就可以顺利生长了。如果不想让植株长得过大，可以定期移植、剪根。

DATA

  弱酸性至弱碱性

🌱 长叶九冠

主要特征是叶片细长。随着植株不断生长，叶片数量也会不断增加。适用于后景造景，也可以作为中心植物或用于遮挡过滤器等器具，总之是相当实用的水草。

DATA

💧 弱酸性至弱碱性

扭兰

　　叶片呈现少见的螺旋状扭曲。易于培养，因生长速度极快，因此要注意是否存在营养不足的问题，适度追肥。强光会让叶片的螺旋感更强，适合在中小型水族箱里做后景草使用。

DATA

弱酸性至弱碱性

 苦草

　　细长摇晃的叶子给人一种清爽感。如果想加强纵向线条，或者想要打造和风水景时都可以使用。根系很容易展开，追肥能促进生长。

DATA

 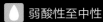 弱酸性至中性

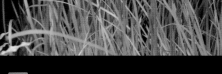

 欧亚苦草

　　非常皮实的水草，适合初学者种植。即使在光照弱或不添加CO_2的环境下也能顺利生长，环境好时植株大型化。使用范围广，常被用于后景。

DATA

弱酸性至弱碱性

 绸带椒草

　　椒草的一种，非常皮实，易于培养。即使在光照弱或不添加CO_2的环境下也能顺利生长。叶片细长且四周是波浪形，随着水波摇摆时的姿态十分美丽。

DATA

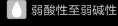 弱酸性至弱碱性

 水盾草

　　皮实的品种，即使在光照弱或不添加 CO_2 的环境下也能顺利生长。水质偏碱性的环境容易导致溶叶现象，尽可能让水质保持偏酸性。

DATA

弱酸性至中性

 水蕴草

　　常见的金鱼藻类之一。叶片有透明感，非常美丽，不仅可用于金鱼水族箱，热带鱼水族箱也很常见。培育简单，但根系较浅，不好好种植会漂浮起来。

DATA

弱酸性至弱碱性

 圆心萍

　　圆叶浮萍类。适合用来饲养泡巢式繁殖的鱼类。圆心萍吸收营养后会茂盛生长，能抑制苔藓增生，但如果过度繁殖就会遮蔽水面，所以还是需要适度间株。

DATA

弱酸性至弱碱性

 酒杯槐叶萍

　　浮萍类之一，属蕨类植物。在强光下叶片会变成喇叭状，光照变弱后叶子会恢复扁平。酒杯槐叶萍可以很好地吸收水中的养分，所以在水族箱造景初期常被用来吸收水族箱里残留的养分。

DATA

弱酸性至弱碱性

💡 必需的光量　🫙 必需的 CO_2 量　⭐ 栽培难度（越难星越多）　💧 适合的水质标准

金鱼藻

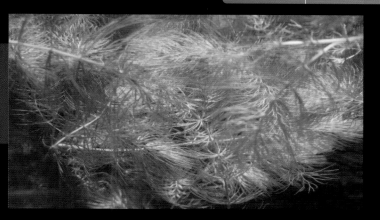

常见的金鱼藻类之一，在水中漂浮就可以生长，培育简单，推荐初学者种植。可以充分吸收水中的养分，所以在水族箱造景初期常被用来吸收水族箱里多余的养分。

DATA

  弱酸性至弱碱性

齿叶睡莲

属睡莲科，叶片为红色，培养简单。与睡莲相比，齿叶睡莲红色的圆叶上有斑点。根据环境不同，其叶片大小和伸展方向都有所不同。长出的浮叶要及时摘除。

DATA

  弱酸性至弱碱性

小花睡莲

属睡莲科，绿色的叶子上有红色斑点。吸收营养后会茂盛生长，成熟后叶子可达到人手大小。如果不想让植株长得过于茂盛，可以适当控制肥料，此外，长出的浮叶要及时摘除。

DATA

 弱酸性至中性

龙骨瓣莕菜

叶片本来是浮叶，但也可以当水中叶培养。光照强时会长出浮叶，所以在培养时光照弱一些比较好，一旦发现浮叶的叶柄就要及时摘除。龙骨瓣莕菜是一种比较皮实的水草，在不添加CO_2的环境下也能慢慢生长。

 弱酸性至弱碱性

添加二氧化碳（CO_2）

　　很多人都会问，栽培水草时到底需不需要添加二氧化碳？答案是，几乎所有水草在添加二氧化碳的环境下都会长得更漂亮。

　　有一部分水草即使在不添加二氧化碳的环境下也能长得很好，但即使是这类水草，添加二氧化碳后也能长得更好看更健壮。所以想要专门培养水草时一定要准备添加二氧化碳的装置。

1 使用专用导管

二氧化碳泵和扩散器之间的导管，必须用二氧化碳泵专用的导管。这种导管专门用于运送高压气体，不可以用普通风管代替。

2 遵守适量原则

二氧化碳添加过多时，水族箱里的鱼就会出现缺氧反应，用来过滤的硝化细菌也可能会缺氧，所以添加二氧化碳一定要适量。要根据水草的种类和数量来调整二氧化碳的添加量。

3 防止气体泄漏

二氧化碳添加器是由各式各样的零件组成，在使用前最好先检查是否有泄漏。不同的添加器使用方法不同，要认真阅读说明书再进行操作。

4 智能管理时间

电磁阀是一种能利用电力来抑制添加CO_2的商品。只要利用这项道具，就可以利用计时器设定添加二氧化碳的时间。照明器也一起用计时器设定的话，就能进行规律的水草繁殖。

第四章　中高级造景篇

CHAPTER **4**

享受热带鱼混养和水草培育乐趣的水族箱

沉木和神仙鱼

◇ 饲养王牌热带鱼——神仙鱼

神仙鱼是水族箱中的代表种，适应环境后还可以像宠物一样向主人撒娇喂食。神仙鱼的泳姿优美，是非常值得饲养的热带鱼。

种类繁多的水草、神仙鱼和灯鱼混养的水族箱是造景设计中的经典之作。

使用石头和沉木来挑战豪华的水族箱造景。

◆ *AQUARIUM TANK DATA*

长60厘米 × 宽30厘米 × 高36厘米

26℃、pH6.2

GRANDE 600R（GEX）

8小时照明/CLEAR LED SG600B（GEX）

Platinum底沙10升（JUN）

红头玻璃神仙、珍珠鱼、红绿灯等

铁皇冠、水罗兰、迷你小榕、红印度小圆叶、
扭兰、细叶铁皇冠、针叶皇冠草等

水族箱的底床

造景素材与种植水草的空间

这次的造景中，沉木、石头等造景素材与种植水草的位置会彻底分开。神仙鱼这类大型鱼和灯鱼这类小型鱼一起混养时，应准备一处水草茂盛的地方供小鱼躲藏。

下面我们来介绍底床的制作。

◆ 上部式过滤器的整体水族箱

上部式过滤器的正下方不能安装水草灯，所以在过滤器的正下方尽量不要种植需光量较大的水草。但上部式过滤器也有优势，即过滤能力强，且与玻璃盖搭配使用可以有效防止鱼跳出来，同时整体水族箱还有防震的功能。

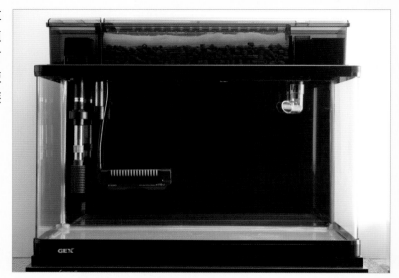

1 放入底沙

设置好过滤器和加热器后，再放入底沙。

2 摆放沉木

沉木要在放入水族箱前数日就浸泡在水中，确保沉木充分吸水不会上浮为宜。

3 摆放附着水草的沉木

摆放附着辣椒榕和黑木蕨的沉木。

4 摆放石头

留出种植水草的空间后，石头要与沉木搭配造景。

5 填足底沙

在后侧填充底沙。

6 倒入水

从厨房纸巾的上方灌入水，不要冲坏造景。

7 底床完成

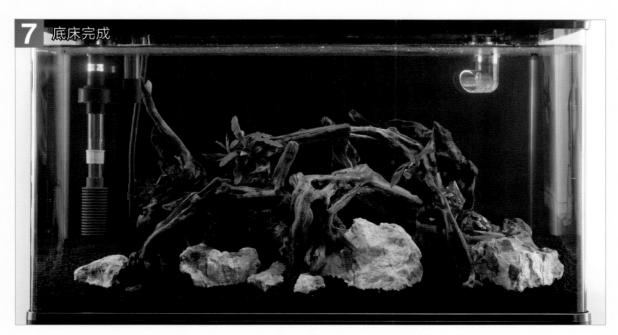

水草种植

种植多种水草

　　本次造景使用的水草达15种以上。对照种植前后，学习如何利用水草造景。

◆ 水草搭配

　　本次造景中，水草搭配有以下3个要点。对照下面的种植前俯视图和右页的种植完成图来确认水草配植的位置。

▶ 沉木和石头的摆放，遵循左右对称的原则，但要稍微摆偏一点。

▶ 红色系水草约占水草总量的20%。　　　　▶ 叶形相似的水草不要种在一起。

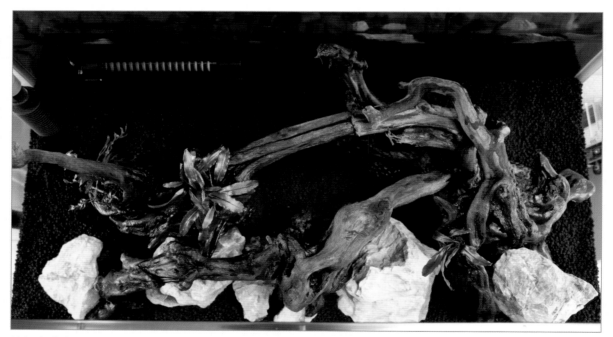

拍摄角度有些倾斜，所以感觉前景的石头和玻璃之间没有空隙，其实相隔约1个手指的宽度。

◆ 造景设计图

　　右图是水草搭配的详细设计图。将附着性水草和种在底沙的水草均匀配植，就能做出大气蓬勃的茂盛景观。

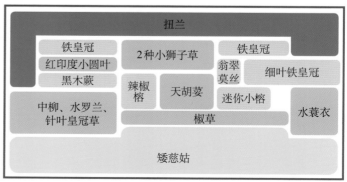

扭兰					
铁皇冠	2种小狮子草		铁皇冠		
红印度小圆叶			翁翠莫丝	细叶铁皇冠	
黑木蕨	辣椒榕	天胡荽	迷你小榕		
中柳、水罗兰、针叶皇冠草		椒草			水蓑衣
矮慈姑					

后景 ▶ P93
铁皇冠

能长成大型水草的附着性水草，适用于后景。

后景 ▶ P92
翡翠莫丝

附着性水草，在沉木和石头上可以长得十分茂盛。

后景 ▶ P90
迷你小榕

附着性水草，可以在沉木上生长良好。

后景
辣椒榕

可以附着在沉木和石头上。适合做中景水草。

后景 ▶ P143
红印度小圆叶

适合作中景或后景，是红色系水草。

后景 ▶ P93
红丝青叶

适合作中景或后景的有茎水草，淡粉色。

后景 ▶ P93
小狮子草

适合作中景或后景的有茎水草。

后景 ▶ P99
扭兰

线型水草，适用于后景。

后景 ▶ P93
细叶铁皇冠

附着性的细叶水草，适合用于中景。

铁皇冠　铁皇冠　翡翠莫丝　迷你小榕

前景 ▶ P97
中柳

大叶水草，用于中景或后景的有茎水草。

前景 ▶ P92
水罗兰

连接中景和后景的有茎水草。

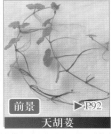

前景 ▶ P92
天胡荽

圆叶水草。适用于中景，可以作为亮点。

前景
红波浪椒草

作为中景草使用，可以种在沉木下的背阴处。

前景
水蓑衣

不会长得过高的有茎水草。

3 混养水族箱管理

放入多种热带鱼的注意事项

在刚开始制作混养水族箱时，首先要记住的一点是，其实没有绝对意义上的混养。热带鱼是生物，可能会发生什么谁也预测不到。

◆ 以饲养热带鱼为主的水族箱，使用上部式过滤器最方便

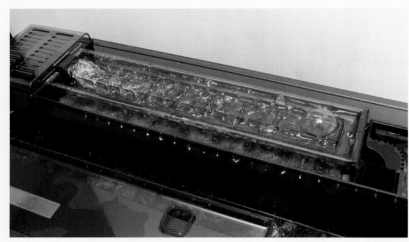

混养水族箱会喂很多饲料给大量的鱼，因此会产生很多排泄物。所以最好使用过滤性能强、过滤槽大、维护简单的上部式过滤器。

在上部式过滤器中放入环状滤材，对长期饲养有好处。

在饲养过程中如果发现过滤能力不足，还可以增设水中过滤器。

◆ 如果想要水草长得好，要增设水草灯

水草生长情况不好时，增设水草灯就能很快看到成效。

如果有架设的空间，可以用60厘米水族箱专用的水草灯。空间有限时，可以使用水草夹灯，但是适用于整体式水族箱的水草夹灯种类不太多，购买有些困难。

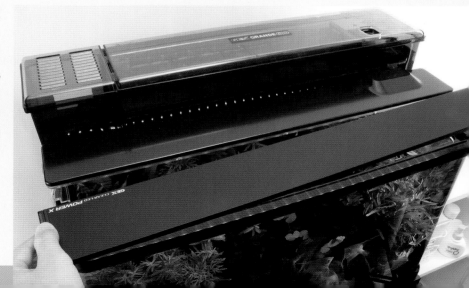

◆ 将各种热带鱼放入水族箱的时机

1 先放中小型鱼　　在混养水族箱里，先放入灯鱼等小型鱼或荷兰凤凰等中型鱼，等它们适应了环境，展现出最佳状态后再进行下一步。

2 等水族箱稳定下来后再放入大型鱼　　在小型鱼和中型鱼之后再放入神仙鱼等大鱼。但要注意，神仙鱼会追逐那些体质差的小型鱼，让它们变得更弱。

荷兰凤凰。成熟后体型能达到10厘米以上，像珍珠一样闪闪发亮。

红头玻璃神仙鱼，视力差，所以性格老实，比较适合混养。

尽情享受水草培育乐趣的水族箱

鹿角苔和标准的石头造景

◆ 以水草为主题的水族箱

这类水族箱不放任何热带鱼，主要培养水草，故常被称为草缸。

欣赏草缸的人大多数都想看到水草冒泡的样子，所以在草缸里主要应用容易冒泡的鹿角苔。

大石头能让人感到清凉，让我们一起学习标准的石头造景和培养水草的方法吧。

◆ AQUARIUM TANK DATA

- 长60厘米 × 宽30厘米 × 高36厘米
- 26℃、pH6.2
- 经典过滤器2213（EHEIM）
- 8小时照明 AQUASKY G602（ADA）
- 亚马孙水草泥草缸陶粒沙（ADA）9升
  能源沙 S 1.5升
- 小精灵、大和沼虾
- 鹿角苔、红叶丁香蓼、大莎草、牛毛毡、迷你牛毛毡

1 水族箱的底床

多个石头组成的石景

如果想打造气势宏大的石景，就要尽量准备大、中、小不同尺寸的石头。除了要准备作为造景中心的基石，还要准备基石周围的小石头。下面我们来看看打造底床的顺序。

1 放置塑料板

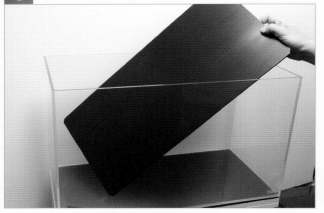

将聚氯乙烯的塑料板裁成和水族箱底部相同的尺寸，并将其放在水族箱底部，以防止石头划伤水族箱。

2 摆放石头

从右侧的基石开始摆放。此步骤会决定之后的造景结构，可以多花点时间慢慢考虑。

Q & A 石头太小打造不出宏大的气势时怎么办？

▶ 可以在下面铺上溶岩石以增加高度

虽然石头形状很好，但是摆上后显不出气势来，这时可以在下面铺上熔岩石以增加高度。形状和大小都很理想的石头很难碰到，所以必须善加利用现有的石头去组合出想要的造型。

用来增加高度的熔岩石

3 放入能源沙

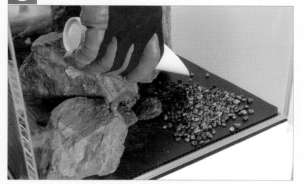

放入富含水草生长所需营养的能源沙。倒在种植后景草的水族箱后侧即可。

4 放入底沙

底沙要全面撒满水族箱。石头之间的空隙也要撒上底沙。

5 摆放小石头

摆放小石头。注意均衡感，用底沙填充并进行最终调整。

下功夫调整外观

为了从侧面看不到能源沙，用底沙将其四周埋起来遮掩。

6 底床完成

注水时一定不要冲坏设计。趁这个时间架设外置式过滤器。

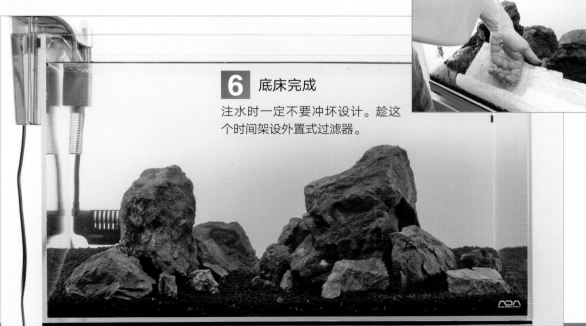

2 水草种植①

制作卷着鹿角苔的熔岩石

本次造景中使用最多的水草就是鹿角苔。鹿角苔原本是浮萍的一种，虽然无法像翡翠莫丝一样附着在其他素材上，但卷在熔岩石上固定使用，是水族箱造景中非常普遍的做法。

制作用鹿角苔卷着的熔岩石和鹿角苔的摆放位置

1 与附着翡翠莫丝的石头制作方法相同

卷着鹿角苔的熔岩石的制作方法与附着翡翠莫丝的石头制作方法相同。但不要使用莫丝棉线，要用鹿角苔专用线或钓鱼线。

莫丝棉线在水草附着于素材后就会自然溶解，但鹿角苔专用线是不会溶解的。鹿角苔不可能附着在石头上生长，所以还是选用不会溶解的鹿角苔专用线为宜。

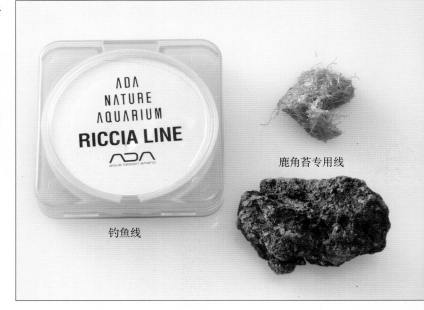

钓鱼线

鹿角苔专用线

2 制作卷着鹿角苔的熔岩石的步骤

将鹿角苔专用线绑在熔岩石上。

将鹿角苔放上去。

用鹿角苔专用线将其一圈一圈地绑住。

为了不让鹿角苔浮上来，用鹿角苔专用线纵横交错缠好。

在熔岩石内侧打结。

缠好后放入水中，看看鹿角苔是否会浮起来。

3　摆放卷着鹿角苔的熔岩石

在前景和中景中摆放卷着鹿角苔的熔岩石。后景需种植其他水草，所以要留出空间。摆放超过20个卷着鹿角苔的熔岩石。

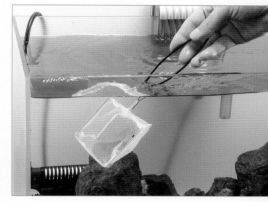

摆好后，有些鹿角苔会浮起来，用捞鱼网将其捞出。

水草种植②

打造草原水景的水草

　　想要打造草原一般的水景，最不可或缺的就是牛毛毡。本次造景中使用的是迷你牛毛毡和与牛毛毡相似的大莎草。

　　种植方法没有什么特别，只是迷你牛毛毡的根比较短小，种植起来有一定困难。参考右页的重点进行种植。

1 种植后景草①

在基石的后侧种植红叶丁香蓼。

2 种植后景草②

种植大莎草。只将根部插进去即可。

3 种植牛毛毡①

在左后方种植牛毛毡，种植时尽量保持高度一致。

4 种植牛毛毡②

在右后方也种上牛毛毡。

5 种植迷你牛毛毡

在前景和中景的鹿角苔周围种上迷你牛毛毡。

在中后侧也种上迷你牛毛毡。种植时用短镊子比较方便。

种植迷你牛毛毡

　　有些水草会像右图一样装在小杯子里销售。根系插在培养基里，种植前要用温水将培养基洗净，分好株后才能种植。

　　与普通盆栽水草相比，这种水草状态调整得比较好，使用起来更方便。

根缠绕在一起，要解开才能分株。

种植顺序

用镊子捏住根部。

就这样插入底沙中种植。

稍微用力将镊子拔起。

▶ 短镊子使用起来更方便。

4 水草种植③
种植后的管理和水草搭配

以水草为主的水族箱中，底床多富含营养，如果过滤性能不强就很容易滋生青苔。所以刚开始时一定要勤换水。

像牛毛毡和鹿角苔这样的水草，剪掉的残叶容易四处乱漂，种完之后最好换水。

6 吸出垃圾

用管子靠近底床吸出果冻状培养基。离底床比较近，注意不要吸出水草。

8 架设器具

架设二氧化碳添加器。将添加器与过滤器排水口连接，让二氧化碳扩散到整个水族箱里。

7 换水

吸出垃圾后再换水。如果没有对水质敏感的水草，可以一次换一半水。

◆ 水草搭配

　　迷你牛毛毡和鹿角苔混养且生长良好，就能打造出草原般的水景。

　　红叶丁香蓼是唯一的红色系水草，也是本次造景设计中的亮点。

水草搭配俯视图。为了保持平衡感，迷你牛毛毡和鹿角苔的种植量参考上图。

迷你牛毛毡+鹿角苔

5 水草水族箱管理

反复换水与修剪

水草水族箱的初期管理最重要的是换水。待水质稳定后，就要开始修剪水草，这点很重要。建议不同时间进行不同的管理。

在最初的2周内每周换2～3次水

水族箱的水质最终要靠外置式过滤器维持，但是在初期可以使用外挂式过滤器辅助过滤，不过仍然要定期换水。底床完成初期，水族箱内营养过剩，每周都要换水2～3次（每次换掉一半的水）。

在初期如果无法追加过滤，即使开着外置式过滤器也可能会出现管子污浊等现象，需要经常换水。

完成后的1周，可以放入黑线飞狐，之后再加入小精灵与大和沼虾来清理青苔。

定期进行水草修剪

要根据水草生长情况进行修剪。特别是鹿角苔，如果放任不管，光照不到的地方就会枯萎，要仔细观察生长情况（参考上图）。后景草要按照完成后的效果图，自上而下进行修剪。

修剪前

修剪后

水草的修剪方法（有茎水草·鹿角苔）

1 **有茎水草的修剪方法**　有茎水草的修剪十分简单。再次想象一下水景效果图，将过长的部分剪掉就行。

用直剪刀直接将水草的多余部分剪掉。

预先想好效果图，沿着石头和沉木的外缘线修剪。

2 **修剪鹿角苔**　鹿角苔被剪掉的残叶会直接浮到水面上，可以沿着石头的外缘线进行修剪。由于生长速度很快，因此每隔几周就要修剪一次。

用前端弯曲的剪刀贴着底床修剪比较容易。

不断变换角度将过长的部分剪掉。

为了防止残叶乱漂，在修剪时关掉过滤器。

遇到可以取出修剪的鹿角苔，则拿到水族箱外修剪。

捞起浮在水面上的残叶。

20 day 水草种植后1周　　　利用换水来维持水质，水草生长得很平稳。这时进行第一次修剪。修剪后架设外置式过滤器。

40 day 牛毛毡等后景草顺利生长　　　修剪过长的大莎草，并对鹿角苔进行第二次修剪。

◆ 水族箱的景观变化（完成期）

70 day

前景至后景都很茂盛，平衡感良好　　茂盛的水草十分美丽。鹿角苔也经常冒泡。

180 day

经过持续的管理，鹿角苔越来越茂盛　　持续管理后，鹿角苔越来越茂盛。后景的红叶丁香蓼也长得非常茂盛。

◆ AQUARIUM TANK DATA

- 长90厘米 × 宽45厘米 × 高50厘米
- 26℃、pH6.2
- 经典过滤器2217x 2台（EHEIM）
- 8小时照明 索拉RGB（ADA）

- 亚马孙水草泥草缸陶粒沙（ADA）4升
  Platinum底沙 9升（JUN）
  能源沙 M 4升（ADA）
- 神仙燕鱼、宝莲灯、黄金荷兰凤凰等
- 绿小圆叶、小百叶、红印度小圆叶、大叶珍珠草、珍珠草、皱边椒草、簧藻、矮珍珠等

◇ **用令人憧憬的90厘米水族箱，面向专业爱好者的热带鱼和水草造景**

　　90厘米宽的水族箱放在一般家庭里非常有存在感，因此在放置前必须考虑清楚。不过，看到自己精心设计的水族箱中，水草漂动，热带鱼欢快地游弋，一定能为生活增添不少乐趣。

　　造景素材是沉木和青龙石，用椒草和珍珠草等水草打造平衡感。想象一下，在多姿多彩的茂密水草中穿梭着神仙鱼和宝莲灯，绝对令人叹为观止。

水族箱的底床

制作大型水族箱的底床

使用大型水族箱一定要考虑水族箱的重量。底床、造景素材和水的重量全部加起来会超过250千克，要在制作前选好稳妥的放置场所。

打造底床的方法与60厘米的水草水族箱基本相同。

◆ 水草吊灯和2个外置式过滤器

为了确保稳定的水流和过滤能力，要设置2个外置式过滤器。

此外，照明要选择容易维护的吊灯。大多数90厘米的水族箱重量都超过30千克，摆放水族箱或安装器具等会比较困难，至少需要2个大人一起完成。

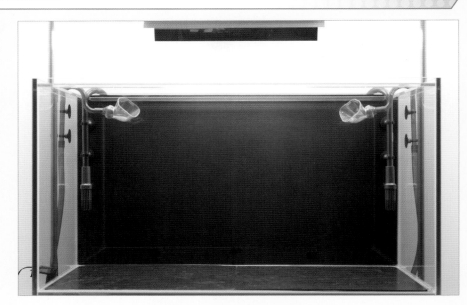

1 放入底沙和熔岩石

和P114相同，在水族箱底部铺设聚氯乙烯的塑料板，在水族箱的后侧并排摆放熔岩石，并沿着玻璃撒一圈底沙。

2 思考如何摆放沉木

在这个状态下，模拟造景素材的配置。

3 放入能源沙

设想好造景效果后，放入能源沙。为了不影响观感，将能源沙倒在底沙内侧，保证从正面看不到。

4 放入底沙

铺上数厘米厚的底沙，然后开始摆放沉木。

5 调整造景素材

决定好石头和沉木的位置，然后在沉木上附着水草，最后放入石头和沉木用底沙固定。

6 底床完成

水草种植 注意整体构图

大型水族箱使用的水草量也会增加，所以需要准备好大量的水草。

◆ 中景草的种植方法

椒草和簇藻等中景草，负责隐藏造景素材之间的连接处。

主要水草的用量 皱边椒草2盆、小圆叶15～20株、大叶珍珠草15～20株、牛毛毡1盆、红印度小圆叶15～20株、珍珠草30株、小百叶30株、绿小圆叶35株、簇藻10株。

用镊子夹住根部。

将根插入底床中。

镊子稍微倾斜并拔出。

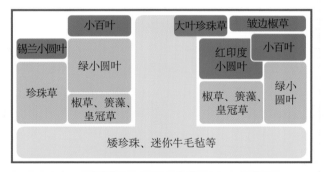

◆ 俯视配植图

主要水草如左图配植。中景至后景集中种有茎水草，沉木和石头的周围种植椒草和簇藻等中景水草。其他沉木上附着黑木蕨或铁皇冠这类水草。

◆ 后景水草的种植方法

　　珍珠草、小百叶等中后景有茎
水草可以先整理成束再种植。

左后方的
珍珠草。

右后方的
小百叶。

◆ 前景水草（矮珍珠）的种植方法

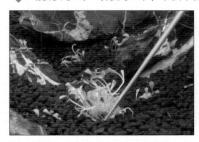

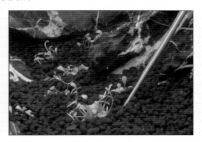

将根部整理成束后再用镊子夹住。　　轻轻插入底床中。　　快速拔出镊子。

3 大型水族箱管理

大型水族箱的管理方法和其他水族箱基本相同

虽然水族箱尺寸不同，但管理方法基本相同。即清洗与换水、修剪水草、保持水温、喂饲料等。让我们来看看养护的重点与水景的变化。

◆ 大型水族箱的温度管理最好用水族箱专用的冷却器

中小型水族箱，在夏季推荐使用风扇降温，但是大型水族箱光靠风扇是无法降低温度的，推荐使用水族箱专用的冷却器。冷却器和外置式过滤器连在一起，可以有效降低水温，非常方便。

但是，冷却器比风扇贵得多。如果房间不太大，可以用空调将室温降下来。不过那样需要一整天都开着空调，也会花不少电费，如果长年使用，还是要算一算哪个更划算。

◆ 错开大型鱼和小型鱼的喂食时间

在大型水族箱中混养时，要优先给大型鱼喂食。

让大型鱼先吃饱，小型鱼吃饲料时就比较顺利。灯鱼等脂鲤科专用饲料中有一种颗粒偏硬，神仙鱼吃了后容易消化不良，所以还是按照上述顺序喂食比较好。

◆ 水族箱的景观变化（完成初期）

1 day

刚种上水草后

在水族箱里稀稀拉拉种的水草会怎样生长呢，一边想象一边每周换2～3次水。

30 day

顺利生长的中后景水草

虽然前景草矮珍珠长得过慢，但其他水草都顺利地生长着。再稍长一些就可以进行第一次修剪了。

70
day

前景水草也开始生长，水族箱显出繁盛的样子

　　由于水质稳定，可以开始导入中小型鱼。水草长得很顺利。

90
day

有茎水草生长顺利

　　中后景的有茎水草基本碰到水面了。这时要进行水草修剪，将它们剪得看起来很茂盛就行了。

水族箱的景观变化（完成期）

110 day

放入大型鱼并调整景观

放入神仙鱼。这个阶段是微调整阶段，将水草修剪出茂盛的形状即可。

150 day

完成后的水景

左右两侧水草密度增加，平衡感很好。还需要花一些时间反复进行微调，才能打造出繁茂的水景。

WATER
PLANTS
CATALOG

🌿 水草图鉴

🌿 鹿角苔

是漂浮在水面的苔藓类。没有附着性，一般会卷在平整的石头或沉木上使用。栽培的关键是创造强光照和高CO_2浓度的环境。生长状态良好时会从细叶冒出泡来。

DATA

💡 ▮▮▮▮▮   CO₂ ▮▮▮▮▮

★★ ▮▮▮▮▮   💧 弱酸性至中性

🌿 迷你三角叶

是前景或中景都能使用的经典水草。在强光照和高CO_2浓度的环境下栽培并不难。养分吸收能力强，所以注意不要让其他水草营养不良。

DATA

💡 ▮▮▮▮▮   CO₂ ▮▮▮▮▮

★★ ▮▮▮▮▮   💧 弱酸性至中性

🌿 三裂天胡荽

像四叶草一样的圆叶非常可爱。在强光照和高CO_2浓度、充足肥料的环境下可以短时间内长得很茂盛，覆盖整个水族箱前景。在光照不足时就不是横向生长，而是纵向快速向上生长，这点在栽培时一定要注意。

DATA

💡 ▮▮▮▮▮   CO₂ ▮▮▮▮▮

★★ ▮▮▮▮▮   💧 弱酸性至中性

💡 必需的光量　CO₂ 必需的CO_2量　★ 栽培难度（越难星越多）　💧 适合的水质标准

迷你矮珍珠

　　是培育难度高的水草，生长需要强光照和高 CO_2 浓度，并且需要定期追肥，不过即使这样生长也很缓慢。和其他水草相比，喜欢有一定硬度的土壤环境，所以可用于石头造景的水族箱。

DATA

 弱酸性至弱碱性

 牛毛毡

　　横向呈线状分株增长的水草。像针一样的细叶是其主要特征，可以打造出给人清凉感觉的水景。种植时，将数株分开，用镊子一株一株耐心地种植。同品系的水草小型至大型均有。

DATA

  弱酸性至弱碱性

 矮珍珠

　　是极有人气的前景水草。在强光照和高 CO_2 浓度的环境下可以长得十分茂盛，小小的叶子像绿色绒毯一般覆盖整个缸底，十分美丽，光照不足或肥料不足的情况下纵向向上生长。

DATA

 弱酸性至中性

🌿 珍珠草

小叶密集生长的水草，数株种植在一起会很美丽。环境适宜时栽培十分容易，可以感受到珍珠草茂盛地生长。在足够硬度的底沙里能够健康生长，相反，若底沙硬度不够，珍珠草会枯萎。

D A T A

💡 弱酸性至弱碱性

🌿 珍珠金钱草

珍珠草的改良品种。和3～4片叶轮生的珍珠草相比，改良品种是两叶轮生。可伏地生长，在造景时可以灵活运用这一特征。

D A T A

💡 弱酸性至中性

🌿 大叶珍珠草

特点是叶子偏圆。不像珍珠草一样对底沙硬度有要求，喜欢新的底沙。生长迅速，很快就能长大。吸收养分能力强，如果发现新芽变白，一定要追加含铁的肥料。

D A T A

💡 弱酸性至中性

138

💡 必需的光量　CO₂ 必需的CO₂量　✦ 栽培难度（越难星越多）　💧 适合的水质标准

簑藻

叶子细长优美，是水族箱中的经典水草。通过腋芽而非匍匐茎繁殖，管理很简单。经常用于遮挡沉木和石头的基部，或遮挡后景水草下方的叶子。生长需要强光照的环境。

DATA

火焰莫丝

是可以附着在沉木和石头上的一种苔藓类水草。在强光照和添加 CO_2 的环境下能够茂盛生长。因其朝着光照的方向向上生长，而且形状就像火焰一般，故得此名。附着在沉木枝上非常美丽。

DATA

  弱酸性至中性

南美翡翠莫丝

是可以附着在沉木和石头上的苔藓类水草。叶片展开后呈三角形。原产于南美洲，附着性稍弱。需要定期进行修剪来维持形态。

DATA

  弱酸性至中性

美国莫丝

是可以附着在沉木和石头上的一种苔藓类水草。和其他同类相比，价格稍高且生长缓慢。成熟后的样子是深绿色的，非常美丽。

DATA

  弱酸性至中性

鹿角铁皇冠

是皇冠草的突变种。主要特点是叶片前端有分叉，常被作为造景中的亮点。栽培方法与其他蕨类相同。

DATA

弱酸性至中性

三叉铁皇冠

细长的叶片呈"十"字状。交叠密集生长，非常美丽。和其他同类相同，栽培时需要注意水温，不耐高温，成熟后是非常美丽的中景水草。

DATA

弱酸性至中性

黑木蕨

非洲极具代表性的蕨类。在水中叶片呈透明状，非常美丽。在光照较弱的环境下也可以生长，还能种植在沉木的背阴处。比起种在底沙里，附着在沉木上生长状况更好。

DATA

弱酸性至中性

必需的光量　必需的CO_2量　栽培难度（越难星越多）　适合的水质标准

圣保罗太阳

像星星形状的可爱的南美水草。偏好pH低的软水，栽培时最好使用底沙。肥料不足时叶片会变白，所以要积极追肥。

DATA

酸性至弱酸性

宽叶太阳

从上方看叶子形状如太阳一般，故得此名。偏好pH低的软水，栽培时最好使用底沙。肥料不足时叶片变白，所以要积极追肥。

DATA

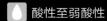
酸性至弱酸性

谷精太阳

特点是往外侧卷曲的叶子。适合在使用底沙的环境下生长，可以多添加CO_2。非常容易被虾啃食。如果水质不适，可能出现叶尖变成褐色并枯萎的现象。

DATA

弱酸性至中性

马达加斯加虾柳

纤细的叶子向下卷曲，随波漂动的样子非常优雅。在不同环境下，叶色从绿色至褐色变化。栽培需要在强光照、添加CO_2的环境下，施用液态肥效果更佳。在小型水族箱中常被用于后景，而在大型水族箱可作为中景水草使用，应用范围较广。

DATA

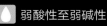

弱酸性至弱碱性

⟱ 锡兰小圆叶

叶子呈黄绿色，茎呈褐色，而叶片背面是粉色的，所以观赏角度不同，给人的印象也不同。长到一定程度就会倒伏，不能直立生长，所以需要经常修剪。可以作为中景水草使用，培养简单。

DATA

💡 ▮▮▮▮▮ CO₂ ▮▮▮▮▮

⭐ ▮▮▮▮▮ 💧 弱酸性至弱碱性

⟱ 绿小圆叶

修剪整形都很简单，是草缸里很受欢迎的品种。培养简单，在弱酸性软水、强光照、添加CO₂的环境下能茂盛生长。一簇簇丛生的样子十分美丽。

DATA

💡 ▮▮▮▮▮ CO₂ ▮▮▮▮▮

⭐ ▮▮▮▮▮ 💧 弱酸性至中性

⟱ 小百叶

特征是叶片很细小。密集生长的话会相当有厚度，适合作为大型水族箱的后景水草。要注意的是营养不足时叶子不仅会变小，还会变得稀疏。

DATA

💡 ▮▮▮▮▮ CO₂ ▮▮▮▮▮

⭐ ▮▮▮▮▮ 💧 弱酸性至中性

 瓦氏节节菜

特征是顶端叶子为红色，柔软的叶片密集生长，像松鼠的尾巴一样美丽。使用富含铁的液态肥可以让红色更为鲜艳。

DATA

弱酸性至中性

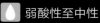 青蝴蝶

特征是非常可爱的圆形叶片。光照和肥料平衡时，叶色会从红色变成绿色。需要注意的是，当营养不足时叶子会变透明或溶解于水。

DATA

弱酸性至中性

 豹纹红蝴蝶

株体柔软，叶片偏大。在软水和强光照的环境下叶子颜色会变成大红色，相当壮观。种植时如果伤到了茎或根，可能导致溶叶现象发生。

DATA

弱酸性至中性

红印度小圆叶

叶片为红色，在强光照和CO_2充足的环境下，颜色越发鲜亮。数株种植在一起会成为一道华丽的风景。

DATA

弱酸性至中性

🌿 大红莓

比红叶丁香蓼的叶子稍宽些。是一种皮实的水草，即使水温高也不会溶叶。古朴的红色叶片是造景中的亮点。成熟后可以作为大型水族箱的后景水草。

DATA

💡 ▬▬▬▬▬　🫧CO₂ ▬▬▬▬▬

⭐ ▬▬▬▬▬　💧 弱酸性至中性

🌿 红叶丁香蓼

有红色的细叶，数株种植在一起非常华丽。适合在强光照、添加CO_2、弱酸性的环境下生长。一旦根系扎稳后就比较皮实，生长过程中会横向蔓延。

DATA

💡 ▬▬▬▬▬　🫧CO₂ ▬▬▬▬▬

⭐ ▬▬▬▬▬　💧 弱酸性至中性

🌿 百叶草

叶片偏红是其主要特征。种植一株就很有存在感，是造景中的主角。如果大量换水导致pH和水的硬度大幅改变，新芽就会开始萎缩，需要更加小心。

DATA

💡 ▬▬▬▬▬　🫧CO₂ ▬▬▬▬▬

⭐ ▬▬▬▬▬　💧 弱酸性至中性

💡 必需的光量　🫧 必需的CO_2量　⭐ 栽培难度（越难星越多）　💧 适合的水质标准

绿羽毛草

叶子细长，生长迅速，所以栽培时要注意避免营养不足，及时添加含铁的肥料。经常修剪会让叶片变小，更容易应用于造景。

DATA

 弱酸性至中性

大莎草

叶子细长且能直立生长，种植时如果不种植深度不够就会枯萎。太过茂盛会阻碍水流动，所以定期要进行修剪。

DATA

  弱酸性至中性

泰国水剑

直立生长的细长叶子，和石头、沉木十分相配。老叶会变色，要从根部剪掉。栽培时必须在强光照、添加CO_2的环境下，所以要整顿好水族箱内的环境再种植。

DATA

 弱酸性至中性

小柳

一个节生2片叶子，因此得名。因其叶片细长，所以常被用于后景。栽培时要注意，如果长得过于茂盛会导致下面的叶子因接受不到光照而发生溶叶现象。常被用于中景或后景。

DATA

 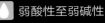 弱酸性至弱碱性

水草&热带鱼索引

 植物

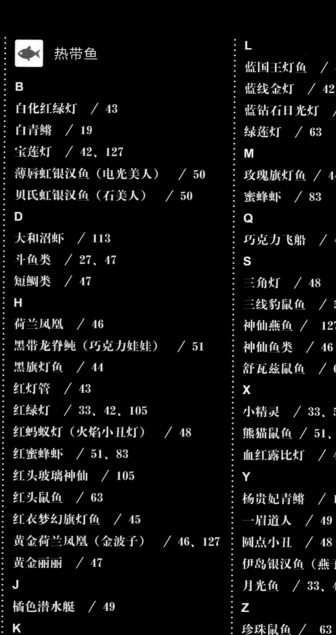

图书在版编目（CIP）数据

给热带鱼打造一个海底世界：水族箱造景／（日）
千田义洋编著；新锐园艺工作室组译 . —北京：中国农
业出版社，2021.9（2022.4重印）
ISBN 978-7-109-27365-8
（世界经典译丛）

Ⅰ.①给… Ⅱ.①千… ②新… Ⅲ.①热带鱼类-观
赏鱼类-水族箱-景观设计Ⅳ.①S965.8

中国版本图书馆CIP数据核字（2020）第182319号

合同登记号：01-2020-3677

中国农业出版社出版
地址：北京市朝阳区麦子店街18号楼
邮编：100125
责任编辑：国 圆 郭晨茜
版式设计：郭晨茜 国 圆 责任校对：吴丽婷
印刷：北京中科印刷有限公司
版次：2021年9月第1版
印次：2022年4月北京第2次印刷
发行：新华书店北京发行所
开本：889mm×1194mm 1/16
印张：10
字数：250千字
定价：128.00元

NETTAIGYO·SUISOU ERABIKARA HAJIMERU
AQUARIUM
  supervised by Yoshihiro Senda
  Copyright © 2018 SEIBIDO SHUPPAN
  All rights reserved.
  Original Japanese edition published by SEIBIDO
SHUPPAN CO.,LTD., Tokyo.
  This Simplified Chinese language edition is
published by arrangement with
  SEIBIDO SHUPPAN CO.,LTD., Tokyo in care of
Tuttle-Mori Agency, Inc., Tokyo
  through Beijing Kareka Consultation Center,
Beijing

  本书简体中文版由株式会社成美堂出版授权
中国农业出版社有限公司独家出版发行。通过株式
会社TUTTLE-MORI AGENCY,INC和北京可丽可咨
询中心两家代理办理相关事宜。本书内容的任何部
分，事先未经出版者书面许可，不得以任何方式或
手段复制或刊载。